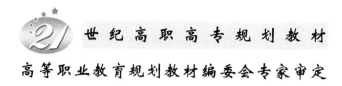

世纪高职高专规划教材

高等职业教育规划教材编委会专家审定

电子线路 CAD 项目实训教程

主　编　毕秀梅

副主编　张建碧　杨卫东

U0282092

北京邮电大学出版社
www.buptpress.com

内 容 简 介

计算机辅助设计(Computer Aided Design,CAD)已经成为电路板设计中不可缺少的一项技术。利用该软件进行电路原理图设计与印刷电路板(Printed Circuit Board,PCB)设计已经成为高职院校电类专业毕业生必须掌握的一项基本技能之一。这是一本厂校合作编写的教材。编写这本教材的目的是希望教师在电类专业的高职教学中,使学生能够学到设计不同种类的电路图及掌握对于各种电路进行 PCB 设计的基本技能,适应将来读图、检图、电路板设计的工作岗位。

《电子线路 CAD 项目实训教程》是作者根据多年教学实践和 PCB 设计经验,不断结合工厂实际,不断学习当前先进企业 PCB 板设计标准而编写出来的,语言简练,通俗易懂,实用性强,可作为高职院校相应课程的教材,也可供从事电路设计的工作人员参考。

图书在版编目(CIP)数据

电子线路 CAD 项目实训教程/毕秀梅主编. --北京:北京邮电大学出版社,2012.7(2021.1重印)
ISBN 978-7-5635-3093-9

Ⅰ. ①电… Ⅱ. ①毕… Ⅲ.①电子电路—计算机辅助设计—教材 Ⅳ.①TN702

中国版本图书馆 CIP 数据核字(2012)第 119579 号

书　　名:电子线路 CAD 项目实训教程
主　　编:毕秀梅
责任编辑:张珊珊
出版发行:北京邮电大学出版社
社　　址:北京市海淀区西土城路 10 号(邮编:100876)
发 行 部:电话:010-62282185　传真:010-62283578
E-mail:publish@bupt.edu.cn
经　　销:各地新华书店
印　　刷:北京九州迅驰传媒文化有限公司
开　　本:787 mm×1 092 mm　1/16
印　　张:12.75
字　　数:300 千字
版　　次:2012 年 7 月第 1 版　2021 年 1 月第 6 次印刷

ISBN 978-7-5635-3093-9　　　　　　　　　　　　　　　　定　价:26.00 元

前　　言

《电子线路CAD项目实训教程》本着教、学、做一体化的思想。整个实训教程分为基础项目与实训项目两大块。基础知识引导实践技能，实践技能帮助消化基础知识。本教材本着以实际工程项目引导、以实际任务驱动的教学思路。选择了七个项目，一个基础项目，六个实训项目，实训项目的内容循序渐进、逐步加深，且每个项目都有自己的特殊内容，这些特殊内容就构成了本教材宽泛的适用范围，每个项目后配有大量的项目习题，每个项目习题都是实际项目，学习者可以根据不同的需要进行选择练习，使知识得以提高。

基础项目0介绍了Protel 99 SE软件使用基础；电路原理图和印制电路板图的设计要点；自建元件库、制作元件符号和自建元件封装库、制作元件封装的步骤；工艺文件编写的相关知识。

实训项目1是单片机跑马灯电路设计。这是第一个实训项目，在原理图设计中，详细介绍了新建原理图文件的方法；原理图图纸设置的方法；加载元件库与移去元件库的方法；放置与编辑元件属性的方法；元件的选中与取消选中的方法；元件移动与删除的方法；正确绘制原理图的步骤及导出原理图文件的方法。电路板设计采用单面板、手工设计，在此介绍了详细介绍了元件布局的规则与布线的规则。

实训项目2是串联晶体多谐振荡器电路设计。在第一个项目的基础上，电路原理图中增加了复合式元件，绘制具有符合式元件的原理图；增加了ERC电气规则检查；增加了元件封装，生成网络表的知识。在单面电路板设计中，由第一个项目中的手工布线到通过加载网络表自动布线，增加了自动布局规则、布线规则及自动布线设计电路板的步骤。

实训项目3是直流稳压电源电路设计。电路原理图中增加了二极管元件，绘制原理图时没有任何障碍。但是，通过自动布线绘制单面电路板图，在加载网络表时就会出现错误提示，这是由于二极管等元件在原理图中与在PCB中引脚号不一致造成的，需加以修改。

实训项目4是交通信号灯电路原理图设计。在原理图绘制中，增加了自建元件库、创建数码管元件符号，并且在绘制原理图时使用创建的元件符号，同时引入了总线画法。在双面电路板设计中，增加了自建元件封装库、创建数码管元件封装符号，并且在自动绘制电路板图时使用创建的数码管元件封装。

实训项目5是足球机器人遥控板电路设计。在原理图设计中，增加了层次结构的电路画法，同时，增加了开关、按钮及电位器按照实际尺寸制作元件封装的步骤，增加了层次结构的电路在自动绘制双面电路板图的步骤，增加了根据飞线指示手工调整布线的方法，增加了利用矩形填充加大接地网络面积的方法。

实训项目 6 是水表电路设计。在原理图中,熟悉网络标号可以代替导线进行电路连接。在 PCB 设计中,熟悉表面贴装元件(Surface Mounted Devices,SMD)元件封装的制作方法,熟悉含有 SMD 元件的电路,PCB 自动和手动布局,自动布线与手工调整;学习两层覆地间添加过孔,保证地线连接的完整性,并增强电路(Electro Magnetic Interference,EMI)性能。

本书由辽宁机电职业技术学院的毕秀梅任主编,重庆城市管理职业学院的张建碧任副主编,丹东市百特仪器有限公司杨卫东任副主编。基础项目 0.1、0.2、0.5 由张建碧编写;基础项目 0.3、0.4,实训项目 1 到实训项目 5 由毕秀梅编写,基础项目 0.6 及实训项目 6 由杨卫东与毕秀梅编写;毕秀梅统稿。

由于时间仓促,作者水平有限,书中如有不妥之处,恳请批评指正。

编　者

目　　录

基础项目 0

基础项目 0.1　Protel 99 SE 软件使用基础

0.1.1　Protel 99 SE 的运行环境、安装

1. Protel 99 SE 的运行环境

（1）软件环境：要求在 Windows 98 或 Windows NT/2000 以上版本。

（2）硬件环境：要求最低配置是 Pentium Ⅱ 或 Celeron 以上 CPU（CPU 主频越高，运行速度越快），内存容量不小于 32 MB，硬盘容量必须大于 1 GB，显示器尺寸在 15 英寸或 15 英寸以上，分辨率不能低于 1 024×768，当分辨率低于 1 024×768（如 800×600 或更低）时，将不能完整显示 Protel 99 SE 窗口的下侧及右侧部分。（对于 15 英寸显示器来说，当分辨率为 1 024×768 时，字体太小，不便阅读，因此 17 英寸显示器可能是 Protel 99 SE 的最低要求）。总之，硬件配置档次越高，运行速度越快，效果越好。

2. Protel 99 SE 的安装

Protel 99 SE 的安装非常简单，按照安装向导逐步操作即可。Protel 99 SE 的安装非常简单，按照安装向导逐步操作即可，安装步骤如下所述：

① 在 Protel 99 SE 的安装光盘中找到 setup. exe 文件，如图 0-1 所示。双击此文件则开始运行安装程序，出现欢迎安装界面，如图 0-2 所示。

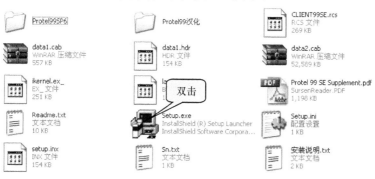

图 0-1　双击 setup. exe 文件

1

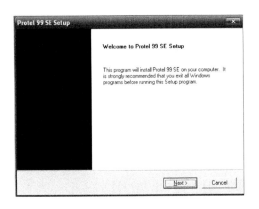 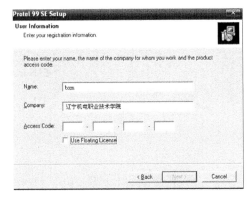

图 0-2　欢迎安装界面　　　　　　　　　　　图 0-3　用户注册对话框

　　单击 Next(下一步)按钮,出现用户注册对话框。在如图 0-3 所示的对话框"Name"一栏中输入用户名,"Company"一栏中输入单位名称,"Access Code"一栏中输入序列号,序列号一般可在文件"sn. txt"中或产品外包装上找到。如果在安装时忘记输入序列号,也可以在安装后,启动时输入序列号。输入完成后"Next"按钮将可操作,单击该按钮,进入如图 0-4 所示安装对话框。

　　② 在图 0-4 所示对话框中提示用户确认或修改安装路径。默认路径是"C:\Program File"。如果想要修改,则单击"Browse…"按钮,选择安装路径,如图 0-5 所示。

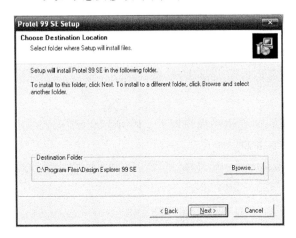 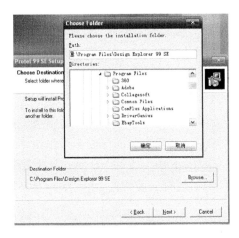

图 0-4　提示用户确认或修改安装路径　　　　　图 0-5　修改安装路径过程

　　③ 把 C 盘目录路径更改为其他盘目录路径,如果改变为 D 盘目录路径,则如图 0-6所示。一般情况下不改变目录路径。

　　单击"确定"后,如图 0-7 所示(初学者可以不修改安装路径,而选择默认路径,见图0-5)。单击"Next"按钮,将显示如图 0-8 所示的安装对话框。

　　④ 如图 0-8 所示的安装对话框中"Typical"按钮表示选择典型安装,"Custom"按钮表示选择自定义安装。初学者可以选择典型安装。单击"Next"按钮,将显示下一个安装对话框,单击"Back"按钮可以返回前面的步骤进行重新选择,若没有修改则单击"Next"

按钮,将同样显示下一个安装对话框,同样单击"Next"按钮,则开始安装,同时将显示安装进度,如图 0-9 所示。

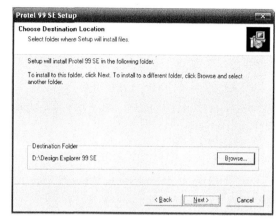

图 0-6　改变为 D 盘目录路径　　　　　图 0-7　修改安装路径结果图

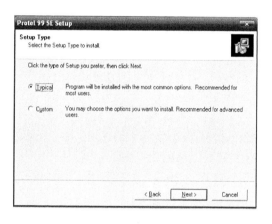

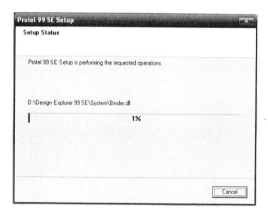

图 0-8　选择安装类型　　　　　　　　图 0-9　安装进程显示

　⑤ 几秒钟后将显示安装完成提示界面,如图 0-10 所示,单击"Finish"按钮完成安装。

　⑥ 安装补丁程序:完成 Protel 99 SE 安装后,可执行附带光盘上的 Protel 99 SE_Service_pack6.exe 文件,安装补丁程序。进入补丁安装程序的第一个对话框,如图 0-11 所示。单击窗口下方的"CONTINUE"进入下一个对话框,即安装路径选择对话框,采用默认路径,单击"Next"按钮,即开始安装补丁程序。安装完成后单击"Finish"按钮完成补丁安装。

　⑦ 安装中文菜单:先启动一次 Protel 99 SE,关闭后,将 C 盘 Windows 根目录中的大小为 268 KB 的 client99se.rcs 英文菜单改名(例如 client99se1.rcs)后保存起来,再将光盘中 Protel 99 汉化的大小为 242 KB 的 client99se.rcs 复制到 C 盘 Windows 根目录下。再启动 Protel 99 SE 时,即可发现所有菜单命令后均带有中文注释信息。

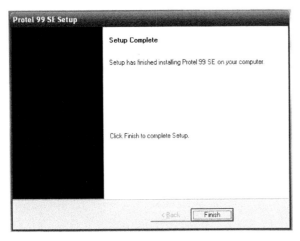

图 0-10　安装完成提示　　　　　　　　图 0-11　安装补丁程序提示

0.1.2　Protel 99 SE 的启动和关闭

1. Protel 99 SE 的启动

一般不改变 Protel 99 SE 的安装位置,默认在 C 盘。安装 Protel 99 SE 后,系统会在"开始"菜单和桌面上放置 Protel 99 SE 主应用程序的快捷方式,同时也在"开始→程序→Protel 99 SE"快捷菜单内建立了"Protel 99 SE"的快捷启动方式。因此启动 Protel 99 SE 的方式有以下 3 种:

方法 1:直接在桌面上双击"Protel 99 SE"图标,如图 0-12 所示。

方法 2:栏上的"开始"按钮,在"开始"菜单组中单击"Protel 99 SE"菜单项。

方法 3:单击任务栏上的"开始"按钮,在"开始→程序→Protel 99 SE"中,单击"Protel 99 SE"菜单项进行启动。

① 单击任务栏上的"开始"按钮,在"开始"菜单组中单击"Protel 99 SE"菜单项,如图 0-13 所示。

图 0-12　桌面上"Protel 99 SE"图标

图 0-13　"开始"菜单组中的"Protel 99 SE"

② 单击任务栏上的"开始"按钮,在"开始→程序→Protel 99 SE"中,单击"Protel 99 SE"菜单项进行启动。如图 0-14 所示。

图 0-14 "程序(P)"中的"Protel 99 SE"菜单项

双击后进入主程序启动界面,如图 0-15 所示。

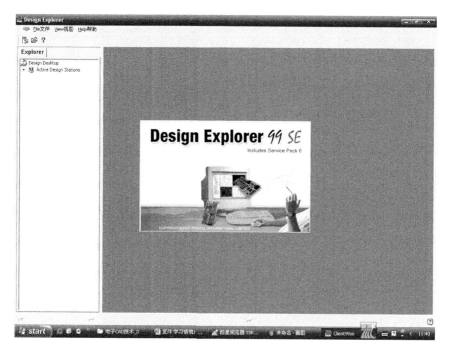

图 0-15 主程序启动界面

2. Protel 99 SE 的关闭

关闭 Protel 99 SE 主程序的方法有 4 种:最快捷的方法是单击主窗口标题栏中的关闭按钮 。其次,也可以执行菜单命令"File→Exit"。第三,直接双击"系统菜单"按钮 。第四,按下 ALT+F4 组合键。在关闭 Protel 99 SE 主程序时,如果修改了文档而没有保存,则会出现一个对话框,询问用户是否保存,如图 0-16 所示。单击"Yes"按钮确认保存修改,若不需要保存修改,则单击"No"按钮,"Cancel"按钮表示取消关闭程序命令。

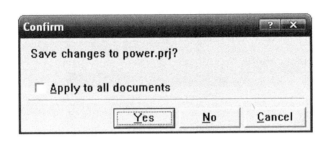

图 0-16　询问用户是否保存对话框

0.1.3　Protel 99 SE 的文件类型

1. 原理图设计文件

电路原理图是表示电气产品或电路工作原理的重要技术文件,电路原理图主要由代表各种电子器件的图形符号、线路和结点组成。一张电路原理图是由 Schematic 模块设计完成的。Schematic 模块具有如下功能:丰富而灵活的编辑功能、在线库编辑及完善的库管理功能、强大的设计自动化功能、支持层次化设计功能等。

2. 印制电路板设计文件

印制电路板(PCB)制板图是由电路原理图到制作电路板的桥梁。设计了电路原理图后,需要根据原理图生成印制电路板的制板图,然后再根据制板图制作具体的电路板。印制电路板设计模块具有如下主要功能和特点:可完成复杂印制电路板的设计;方便而又灵活的编辑功能;强大的设计自动化功能;在线式库编辑及完善的库管理;完备的输出系统等。

3. 各种文件类型说明列表

各种文件类型说明列表见表 0-1。

表 0-1　文件类型列表

文件后缀名	文件类型	文件后缀名	文件类型
.ddb	设计数据库文件	.erc	电气测试报告文件
.sch	原理图文件	.rep	生成的报告文件
.lib	库文件	.xls	元件列表文件
.pcb	印制电路板文件	.txt	文本文件
.prj	项目文件	.xrf	交叉参考元件列表文件
.net	网络表文件	.abk	自动备份文件

0.1.4　新建原理图文件基本操作

1. 新建数据库文件

执行菜单 File→New ,输入数据库文件名 Database File Name。如图 0-17(a)所示,

输入的数据库文件名为"单片机跑马灯电路.ddb"。要想将该数据库文件存放在 F 盘下，单击左图下的浏览[Browse]按钮后，出现如图 0-17(b)所示对话框。选择 F 盘，然后单击保存按钮。

(a)   (b)

图 0-17 新建数据库对话框、选择存放位置对话框

最后，单击图 0-17(a)的"OK"按钮后，就会出现图 0-18 所示的数据库文件界面。说明你新建的设计数据库文件存放的位置在 F 盘下。

"Design Team"是设计工作组管理器，用于定义一个设计组的成员和权限，为多个设计者同时工作在一个项目设计组提供安全保障。每个数据库在默认时都带有设计工作组，双击该图标，出现"Members"、"Permissions"、"Sessions"3 部分，用它们可以进行修改密码、增加访问成员、删除设计成员、设置和修改权限等操作。

图 0-18 数据库文件界面

"Recycle Bin"是设计文件回收站，

其作用类似于 Windows 2000/XP 桌面上的"回收站"，用于存放删除的设计文件，必要时可从中恢复。

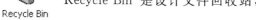Documents 是文件。其他文件都应该建在 Documents 之下。

2. 新建原理图文件

在图 0-18 中，双击"Document"图标，就会出现图 0-19 所示的界面。

在工作窗口空白处单击右键，在弹出的快捷菜单中选择"New"，或执行菜单命令 File/New。此时系统将弹出"New Document"对话框，如图 0-20 所示。设计者在新建文件对话框中选择相应的文件类型图标(Schematic Document)后，单击 OK 按钮即可，或者双击该图标。

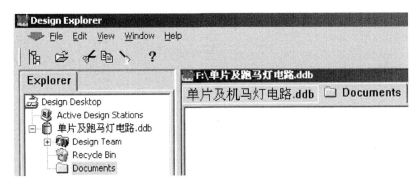

图 0-19　文件界面

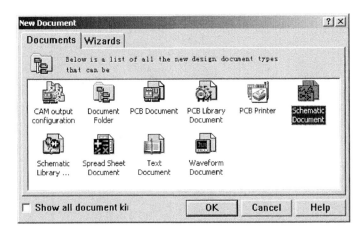

图 0-20　"New Document"对话框

此时在设计窗口的"Document"文件夹中将增加一个文件图标,其文件名可以根据自己的需要更改,这里改为"秒脉冲发生器.sch";若不改则默认为"Sheet1.sch"。

3. 改变数据库文件保存目录

先单击主工具栏中的磁盘标志,然后,在工作窗口要导出文件的图标上单击右键,选择 Export 命令,就可以导出到所需要的文件夹下。

4. 常用快捷键及其功能

常用的快捷键及其功能如表 0-2 所示。

表 0-2　常用快捷键

快捷键	功能	快捷键	功能
P—W	放导线(SCH)	P—T	放导线(PCB)
P—J	放结点	P—O	放电源 VCC 或地 GND
P—N	放置网络标号	P—B	放总线
Q	公英制转换	R—M	测量
E—N	单个选中	V—F	调整到满屏显示全视图
CTRL＋DEL	全体删除选中的目标	D—B	浏览元件库

快捷键	功能	快捷键	功能
SHIFT＋S	看单面板	CTRL＋F	查找元件
"＋""－":	切换工作层	CTRL＋左键	在移动元件时,可使与之相连的导线随其一起移动
T－T	放置泪滴	L＝D－O	可设置层、电气报错等
E－J－N	寻找网络	O－D＝T－P＝O－P	设置字符、敷铜
E－O－S	设置新原点	SHIFT＋空格	可使走线在 45,90,圆弧之间切换

基础项目 0.2 电路原理图设计要点

0.2.1 电路原理图设计的步骤

1. 印刷电路板设计的一般步骤

2. 电路原理图设计的一般步骤

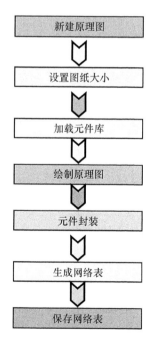

0.2.2 图纸设置

(1) 新建或打开一个原理图文件。

(2) 进入图纸设置对话框（Document Options 对话框），执行菜单命令 Design→Options 。

(3) 图纸设置选项卡（Sheet Options 选项卡），图纸的单位是 mil（1 mil = 1 / 1 000 英寸 = 0.025 4 mm）。

1. 图纸大小设置

图纸大小设置有两种：一种是标准形式（Standard Style）；另一种是客户自定义形式（Custom Style）。只能选择其中的一种形式。如图 0-21 中选择标准形式，则客户自定义形式（Custom Style）是灰色的，选不了。

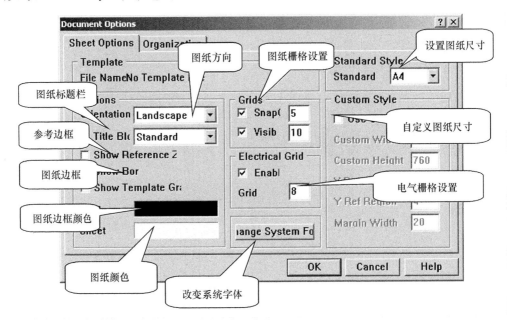

图 0-21 图纸设置对话框

2. 图纸方向设置

图纸方向（Landscape）：水平放置 Portrait：垂直放置 Vertical。

3. 图纸标题栏设置

Standard：标准型模式。ANSI：美国国家标准协会模式。

标准型模式如图 0-22 所示。

用"Place/Annotation"命令或单击 T 图标，在标题栏中输入相应的特殊字符串。

美国国家标准协会模式如图 0-23 所示。

输入栏中的内容可以自动地填入到标题栏中合适的位置。

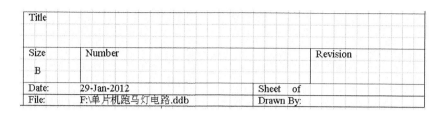

图 0-22　标准型模式

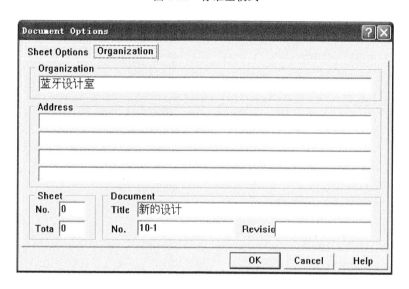

图 0-23　美国国家标准协会模式

0.2.3　加载元件库

1. 各种常用元件库介绍

Miscellaneous Devices. Ddb:基本元件库,包括电阻、电容、二极管、三极管等各种分立元件电路符号。

Sim. ddb:仿真元器件库。

TI Databooks. ddb:德克萨斯仪器公司数据手册。

NEC Databooks. ddb:美国国家半导体公司数据手册。

Protel DOS Schematic Libraries. ddb:主要存放各种集成电路芯片的电路符号。

• Miscellaneous Devices. Ddb 中元件的中文名与元件在库中名称的对应关系如下:

插头:

各种管脚的插头(座)连接器(HEADE,CON,PIN)

ISA 插座:CON AT62、CON EISA62,CON EISA3 等

D 型插头:串口用的 DB9、DB15、并口用的 DB25 等

电阻:

标准电阻:RES1、RES2

电阻排:RESPACK1 、RESPACK2、POT1、POT2 等

两端口可变电阻:RES3、RES4

三端口可变电阻:RESISTORTAPPED、POT1、POT2

电容：无机性电容 CAP

有机性电容;ELECTRO1、ELETRO2

可变电容:CAPVAR

电感：

普通电感:INDUCTOR、INDUCTOR1、INDUCTOR2

可变电感:INDUCTOR VAR、INDUCTOR3、INDUCTOR4

晶体:CRYSTAL

二极管:DIODE

三极管:NPN、PNP

场效应管:MOSFET N、MOSFET P、JFET N、JFET P

发光二极管:LED

发光数码管:DPY

跳线:JUMPER

保险丝:FUSE1、FUSE2

光耦合器：OPTOISO1、OPTOISO2

单刀单掷：DELAY-SPST

单刀双掷：DELAY-SPDT

双刀单掷：DELAY-DPST

双刀双掷：DELAY-DPDT

话筒:MICROPHONE1、MICROPHONE2

耳机接口:PHONEJACK

开关:拨码开关 SW DIP

按键:SW-PB

其他开关:SW

变压器:TRANS1、TRANS2、TRANS3、TRANS4、TRANS

* Sim. ddb(仿真元器件库)中所装的元件类型如表 0-3 所示。

表 0-3　Sim. ddb(仿真元器件库)中所装的元件类型

库名	库所对应的元器件类型	库名	库所对应的元器件类型
74XX. lib	74 系列数字电路逻辑集成块	MISC. LIB	混杂库
7SEGDISP. LIB	七段数码管	OPAMP. LIB	运算放大器
BJT. LIB	三极管	OPTO. LIB	光电系列
BUFFER. LIB	缓冲器	REGULATOR. LIB	电压调整器
COMP. LIB	运算放大器	RELAY. LIB	继电器

库名	库所对应的元器件类型	库名	库所对应的元器件类型
CMOS. LIB	CMOS 系列数字电路逻辑集成块	SCR. LIB	可控硅
COMPARATOR. LIB	比较器	SIMULATION. LIB	各种模拟电路符号
CRYSTAL. LIB	晶体振荡器	SWITCH. LIB	可控开关源
DIODE. LIB	二极管	TIMER. LIB	定时器
IGBT. LIB	三极管	TRANSFORMER. LIB	变压器
JFET. LIB	场效应管	TRANSSLINE. LIB	传导线
MATH. LIB	数学函数	TRIALC. LIB	双向可控硅
MESFET. LIB	场效应管	TUBE. LIB	电子管
MOSFET. LIB	场效应管	UJT. LIB	可控硅
OPAMP. LIB	运算放大器		

• Protel DOS Schematic Libraries. ddb 中所装的元件类型表 0-4 所示。

表 0-4 Protel DOS Schematic Libraries. ddb 数据库中所装的元件类型

库 名	库所对应的元器件类型
Protel Dos Schematic Analog Digital. Lib	模拟数字式集成块元件库
Protel Dos Schematic 4000 Cmos . Lib	40. 系列 CMOS 管集成块元件库
Protel Dos Schematic Analog Digital. Lib	模拟数字式集成块元件库
Protel Dos Schematic Comparator. Lib	比较放大器元件库
Protel Dos Schematic Intel. Lib	INTEL 公司生产的 80 系列 CPU 集成块元件库
Protel Dos Schematic Linear. lib	线性元件库
Protel Dos Schematic Memory Devices. Lib	内存存储器元件库
Protel Dos Schematic Synertek. Lib	SY 系列集成块元件库
Protel Dos Schematic Motorla. Lib	摩托罗拉公司生产的元件库
Protel Dos Schematic NEC. lib	NEC 公司生产的集成块元件库
Protel Dos Schematic Operational Amplifiers. lib	运算放大器元件库
Protel Dos Schematic TTL. Lib	晶体管集成块元件库 74 系列
Protel Dos Schematic Voltage Regulator. lib	电压调整集成块元件库
Protel Dos Schematic Zilog. Lib	齐格格公司生产的 Z80 系列 CPU 集成块元件库元件属性

2. 加载元件库

• 第一种方法

打开(或新建)一个原理图文件,单击 Browse Sch 选项卡 Browse 下拉式列表,选中 Library 后,单击"Add/Remove"按钮,弹出 Change Library File List 后,查找范围 C/Program Files/Design Explorer 99SE/Library/sch 文件下,单击要加载的元件库,再单击"OK"按钮,或者双击要加载的数据库,都可以加载元件库。

• 第二种方法

执行菜单命令 Design/Add/Remove Library,同上操作。

• 第三种方法

单击主工具栏中的 🔲 图标,同上操作。

3. 放置元件

第一种方法:按两下 P 键,在 Place Part 对话框中依次输入元件的各属性值后单击"OK"按钮。此时光标变成"十"字形,且元件符号处于浮动状态,可按空格键旋转元件的方向、按 X 键使元件水平翻转、按 Y 键使元件垂直翻转,最后单击左键放置元件。

第二种方法:单击 Wiring Tools 工具栏中的 ▷ 图标。

第三种方法:执行菜单命令 Place/Part。

第四种方法:元件库选择区中选择相应的元件库名,在元件浏览区中选择相应的元件名,单击 Place 按钮。或双击相应的元件名。

第五种方法:如果元件名不知道,可在 Place Part 对话框中单击 Browse 按钮,出现 Browse Libraries 对话框,当浏览到所要找的元件符号时,在浏览区域下方,单击该处的 Place 按钮。

4. 放置电源和接地符号

电源接地符号如图 0-24 所示。

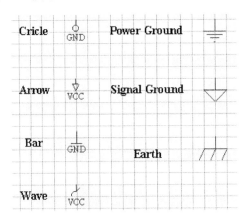

图 0-24　电源接地符号

- 第一种方法

单击 Wiring Tools 工具栏中的 ⏚ 图标。

此时光标变成"十"字形,电源/接地符号处于浮动状态,与光标一起移动。若符号形状不符合要求,可按 Tab 键弹出属性对话框。

电源符号的显示形式:在电源符号处于浮动状态时,可按空格键旋转方向,按 X 键,电源符号水平翻转,按 Y 键,电源符号垂直翻转。

最后单击左键放置电源符号后,单击右键退出放置状态。

- 第二种方法

单击 Power Objects 工具栏中的电源符号。

- 第三种方法

执行菜单命令 Place/Power Port。

5. 编辑元件

（1）移动元件及元件符号：在元件、元件标号或标注上按住鼠标左键，并拖动。

（2）改变方向：在元件、元件标号或标注上按住鼠标左键，再按空格键旋转，按 X 键水平翻转或按 Y 键垂直翻转。

（3）修改元件的引脚长短：进入编辑界面，双击其引脚，弹出对话框，PIN 的默认值改为 10 为最短。编辑元件时，双击引脚，在 DOT 后打钩，则显示为低电平有效模样。

（4）删除元件：在元件上单击鼠标左键，使元件周围出现虚线框，按 Delete 键，即可删除。对于其他放置对象（如导线、电源符号等），也可按此方法进行删除。

（5）元件属性对话框中的 SHEET 选项，默认为 *。不要改动。否则会在加载到 PCB 时出错。

（6）编辑元件属性：双击已放好的元件或元件没放好时按 Tab 键，如图 0-25 所示。Designator（元件标号）：元件在原理图中的序号，如 R1。Part Type（元件类型）：如 47 KΩ 等。Footprint（元件的封装形式）：元件的封装。

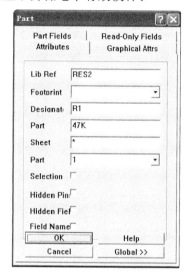

图 0-25 元件属性对话框

6. 绘制导线

• 第一种方法

单击 Wiring Tools 工具栏中的 ≋ 图标，光标变成"十"字形。

在导线的起点和终点处分别单击鼠标左键确定两个端点。

然后单击鼠标右键，则完成了一段导线的绘制。

此时仍为绘制状态，将光标移到新导线的起点，按前面的步骤绘制另一条导线，最后单击鼠标右键两次退出绘制状态。

• 第二种方法

执行菜单命令 Place/Wire。

0.2.4 创建网络表

网络表是原理图与 PCB 的接口文件，PCB 设计人员应根据所用的原理图和 PCB 设计工具的特性，选用正确的网络表格式，创建符合要求的网络表。创建网络表的过程中，应根据原理图设计工具的特性，积极排除错误，以保证网络表的正确性和完整性。

执行"Design"菜单下的"Create Netlist"命令。就会出现"Netlist Creation"设置对话框。如图 0-26 所示。

对话框的具体内容如下：

1）Output Format 下拉框：设定网络表文件的输出格式（最好选择 protel 2，对于 protel 2 网络表形式，包含元件描述、网络描述及 PCB 布线指示）。

2）Net Identifier Scope 下拉框：设定网络标号、子电路符号、电路 I/O 端口的作用范围。

Net Label and Ports Global：网络标号和 I/O 端口是全局有效的。

Only Ports Global：仅仅 I/O 端口是全局有效的。

Sheet Symbol/Port Connections：表示子图符号 I/O 端口与下一层电路 I/O 端口同名时，二者在电气上是相连的。

3）Sheets to Netlist 下拉框：设定哪些原理图建立网络表。

Active sheet：只建立当前窗口中原理图的网络表。

Active Project：建立当前项目的网络表。

Active sheet plus sub sheets：建立当前原理图和它的子图的网络表。

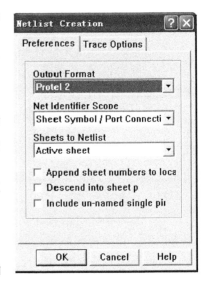

图 0-26 "Netlist Creation"
设置框对话框

4）Append sheet numbers to local net name：选中此项，自动在网络表名称中加入原理图编号。

5）Descend into sheet parts：选中此项，表示在生成网络表时，系统将深入元器件的内部电路图，将它作为电路的基本单元，一起转化为网络表。

6）Include un-named single pin nets：选中此项，表示在生成网络表时，将电路中没有名称的引脚，也一起转换到网络表中。

单击如图 0-26 所示的"OK"按钮，即可生成 sheet. net 网络表文件（注意：若原理图主文件名是 sheet，那么，其生成的网络表主文件名也是 sheet）。

基础项目 0.3　自建元件库、创建元件符号

0.3.1　原理图元件库文件界面介绍

新建原理图元件库文件：同新建原理图文件方法一样，只是选择的图标是原理图库文件图标。如图 0-27 所示。

单击"OK"按钮，如果主文件名不更改，系统在"Documents"内出现自动默认名为"Schlib1. Lib"的文件图标。双击该图标，就会出现如图 0-28 所示的原理图元件库文件界面。原理图元件库文件的扩展名是. Lib。

更改主文件名：在蓝色框内改名为"PLJ. Lib"，或以后单击右键，选择重命名为"PLJ. Lib"。双击"PLJ. Lib"文件图标，即可进入元件符号编辑环境，如图 0-29 所示。这种方法常用于创建新的元件电气图形符号库文件。

原理图元件库编辑器界面与原理图设计编辑器相似，主要由元件管理器、主工具栏、

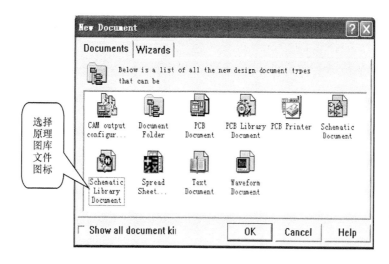

图 0-27　新建原理图元件库文件

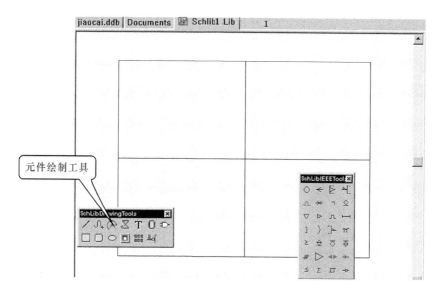

图 0-28　原理图元件库文件界面

菜单栏、常用工具栏和编辑区等组成。原理图元件库编辑器界面也有两个窗口,左边为管理窗口,右边为编辑窗口,原理图元件符号即在编辑窗口的图纸区域内绘制。也可以通过菜单或按键进行放大、缩小屏幕的操作。不同的是在编辑区的中心有一个十字坐标轴,将元件编辑区划分为四个象限,这里使用菜单命令"View→Zoom In"或按"PgUp"键将元件绘图页的四个象限相交点处放大到足够程度,一般在第四象限靠近坐标原点的位置进行编辑,而象限交点即为元件基准点。一个画面只对应一个元件符号。

　　单击如图 0-29 所示的元件库编辑器中的"Browse SchLib"选项,进入元件管理器,它有 4 个窗口,每个窗口详细说明如下:

　　(1) Components(元件列表窗):该窗口的主要功能是查找、选择及取用元器件。

　　"MASK"的功能与原理图编辑器中的"Filter"一样,用于筛选元器件,可与通配符

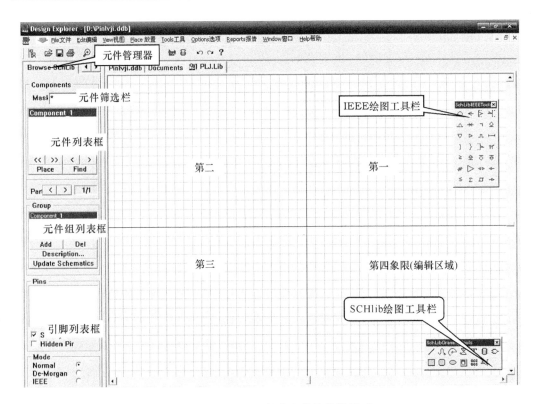

图 0-29　原理图元件库文件编辑器界面

"＊"和"?"配合使用,元器件名称显示区位于 Mask 设置项的下方,由 Mask 决定显示元器件库里的元器件名。当该文本框内容为"＊",将显示元件库内的所有元件。

单击 Components 下的"＜＜"按钮,将元件列表窗第一个元器件作为当前编辑元器件。单击 Components 下的"＞＞"按钮,在元件列表窗将最后一个元器件作为当前编辑元器件。单击"＜"按钮,将元件列表窗内的上一个元器件作为当前编辑元器件。单击"＞"按钮,将元件列表窗内的下一个元器件作为当前编辑元器件。

单击"Place"按钮,是将所选元器件放置到电路图中。单击该按钮后,系统自动切换到原理图设计界面,同时原理图元器件编辑器退到后台运行。"Find"(查找)按钮的作用与原理图编辑器中"Find"按钮一样,但自动查找速度太慢,最好人工查找。

"Part"按钮是针对复合封装元器件而设计的,"＜"按钮和"＞"按钮用于选择复合封装元器件中的元件。其右边有一个状态栏,其中分子表示当前的单元号,分母表示集成的元器件数。

(2) Group(元件组列表窗):该窗口用于查找和选择共用元件组。所谓共用元件组就是共用元件符号的元件。

单击"Add"按钮,是将另一个元件符号加入到一个元件组内,避免了原理图元件符号库的冗余。单击"Del"按钮是将一个元件从元件组内删除。单击"Description"按钮是输入元件的文本栏信息。文本栏信息的输入窗口如图 0-30 所示,在窗口中共有 Designator、Library Fields 和 Part Field Names 三个页面。

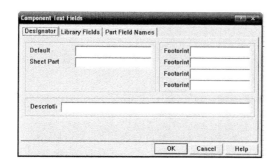

图 0-30 文本栏信息的输入窗口

点击"Designator",进入如图 0-30 所示的页面。"Default"栏用来填写"缺省流水号",格式一般都用约定的英文字头加问号"?"。该流水号是显示在原理图中元件旁的,只要在此处设置了合适的缺省流水号,在原理图里取用该元件时就会自动跟上该流水号。"Sheet Part"栏是图纸元件的文件名。"Footprint"栏是填写元件的封装形式,有些元件有多种封装,这里最多只能填写四种。在原理图中用填过此封装元件时,其元件属性对话框的"Footprint"栏下拉菜单中将会出现相应的选项。"Description"栏是元件说明,一般用来说明元件的功能等基本特性。

点击"Library Fields",进入如图 0-31 所示的页面,"Text Field1"到"Text Field 8"是用户可以随意输入的文字栏,每一个栏可以输入 255 个字符。

点击"Part Field names",进入如图 0-32 所示的页面,"Part Field name1"到"Part Field name16"是填入元件栏的名字,每个栏的字符数不超过 255 个。

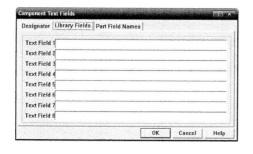

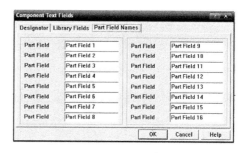

图 0-31 Library Fields 页面   图 0-32 Part Field names 页面

"Update Schematic"按钮是更新原理图中的当前元件符号,将该元件的改动反映到原理图中的元件上。如果发现电路图中自制元件符号不满足要求,重新修改后直接单击该按钮,则电路图中的元件将自动更新为新符号,而不需要删除后重新放置,可提高效率。

(3) Pins(引脚列表窗)。该窗口用于显示编辑区元件(或子件)的全部引脚的信息。

选中"Sort by Name",将引脚按引脚名称排序,引脚名称在前,引脚序号在后。出现个别引脚名称没有的现象,是可以的,但引脚序号必须有,否则将给后续的 PCB 制造麻烦。未选中"Sort by Name"时,按引脚序号排序。"Hidden Pins"用来设置引脚是否隐藏或显示。因为很多集成芯片的电源和地引脚一般是隐藏的,选中此处表示显示,否则是隐藏。

（4）Mode（模式列表窗）：该窗口用于指定元件模式，有 Normal、De-Morgan 和 IEEE 三种模式可选。

原理图绘制时默认的是"Normal"模式，很多元件只有在"Normal"模式下才有图。如果要显示其他模式，必须双击打开其属性对话框，在"Graphical Attrs"选项卡中的"Mode"下拉箭头中选择其他模式，如图 0-33 所示。

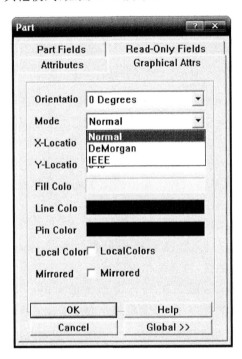

图 0-33　元件符号模式选择

0.3.2　元件符号的自定义绘制

自定义元件符号的绘制包括普通元件的自定义绘制和复合式元件的自定义绘制。所谓的普通元件是指如电阻等单个的元件，或者一个集成电路中仅有一个这样的元件符号，如 74LS160 等集成电路。而复合式元件是指如 74LS00 等一个集成电路中含有 4 个一模一样的符号，但引脚号不一样。自定义元件符号的绘制方法有两种：一是绘制元件库内没有的全新的元件符号；二是复制元件库内已有的类似的元件符号，再稍加修改。CD40110 采用第一种方法，4017、数码管和 74LS00 就采用第二种方法。

1. 普通元件的自定义绘制

（1）绘制元件库内没有的全新的元件符号

绘制 CD40110 元件符号。在制作简易频率计电路原理图时，打开原理图编辑器，在左边的原理图管理器 Browse Sch 窗口单击"Find"，在系统弹出的"Find Schematic Component"框中的"By Library Refe.."栏写入"40110"，单击"Find Now"，如图 0-34 所示。

在 Protel 99 SE 元件库里找不到 40110,如图 0-35 所示,所以需要自定义绘制元件符号。其步骤如下:

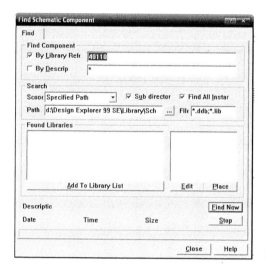

图 0-34 查找 40110   图 0-35 查找 40110 结果

① 分析芯片资料,设计芯片符号

CD40110 为十进制可逆计数器/锁存器/译码器/驱动器,具有加减计数、计数器状态锁存、七段显示译码器输出等功能。它有 2 个计数时钟输入端 CPU 和 CPD 分别用作加计数时钟输入和减计数时钟输入。由于电路内部有一个时钟信号预处理逻辑,因此当一个时钟输入端计数工作时,另一个时钟输入端可以是任意状态。CD40110 的进位输出 CO 和借位输出 BO 一般为高电平,当计数器从 0~9 时,BO 输出负脉冲;从 9~0 时 CO 输出负脉冲。在多片级联时,只需要将 CO 和 BO 分别接至下级 40110 的 CPU 和 CPD 端,就可组成多位计数器。图 0-36 所示是该芯片的引脚图,表 0-5 所示是该芯片的引脚描述。

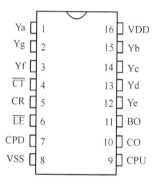

图 0-36 CD40110 引脚分布

表 0-5 CD40110 引脚描述

引 脚 序 号	符 号	引 脚 描 述
1	Y_a	锁存译码输出端 a
2	Y_g	锁存译码输出端 g
3	Y_f	锁存译码输出端 f
4	/CT	计数允许端
5	CR	清除端
6	/LE	锁存器预置端
7	CP_D	减计数器时钟输入端

续 表

引脚序号	符 号	引脚描述
8	V_{SS}	地
9	CP_U	加计数器时钟输入端
10	CO	进位输出端
11	BO	借位输出端
12	Y_e	锁存译码输出端 e
13	Y_d	锁存译码输出端 d
14	Y_c	锁存译码输出端 c
15	Y_b	锁存译码输出端 b
16	V_{DD}	正电源

图 0-36 给出的 CD40110 引脚分布是按照芯片的实际引脚分布排序的,在元件绘制时一般按引脚特性进行重新分布。通常习惯把输入引脚放在左侧,输出引脚放在右侧,这样在电路图绘制完成后有利于识图。

② 元件符号命名

打开如图 0-29 所示的原理图元件库文件编辑器界面,由于新建元件库时就自动生成了一个新元件,所以绘制第一个元件符号时不再需要新建元件,只需单击菜单栏的"Tools"(工具),在其下拉菜单中选择"Rename Component"(重命名),单击后,系统弹出"New Component Name"对话框,对话框中的 COMPONENT_1 是新建元件默认名,将其改为"CD40110",如图 0-37 所示,单击"OK"按钮,此时发现右边工作区内又变成空白的了,左边的元件管理器 Browse SchLib 窗口中两个蓝色覆盖的 COMPONENT_1 都同时变为了 CD40110,则当前绘制的就是 CD40110 了。

③ 设置栅格尺寸

执行菜单命令 Options(选项)→Document Options(文档选项),在 Library Editor Workspace 对话框中设置锁定栅格 Snap 的值为 5,如图 0-38 所示。锁定栅格小一些,便于绘图。单击"OK"按钮后,按键盘上的"Page Up"键或鼠标选择菜单命令"View"(视图)→Zoom In (放大),或者直接单击主工具栏的快捷工具 🔍 ,放大屏幕,直到屏幕上出现栅格。

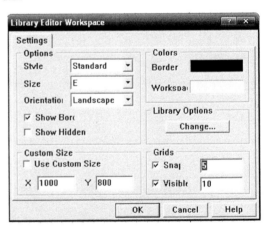

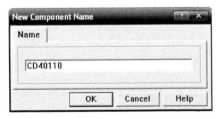

图 0-37 元件命名对话框   图 0-38 设置栅格尺寸

④ 绘制元件形状

使用 SCH lib 绘图工具栏的工具进行绘图。如果"SCH lib Drawing tools"(SCH lib 绘图工具栏)没有出现在窗口中,则执行菜单命令"View"(视图)→Tool bars(工具条)→ Drawing Toolbar(绘图工具条),如图 0-39 所示。

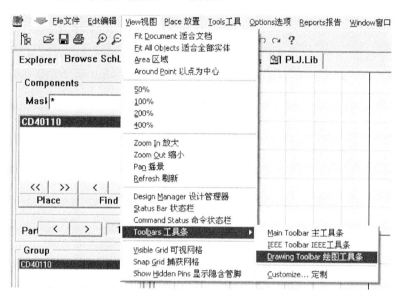

图 0-39 显示 SCH lib 绘图工具栏步骤

弹出的"SCH lib Drawing tools"(SCH lib 绘图工具栏)文本框是活动框,如图 0-40 所示,可以用鼠标拖曳到窗口的任意位置。只不过当占用窗口四周中某一边界时,SCH lib 绘图工具栏自然从编辑区内消失,显示在这个边界内。然后也可以用鼠标从这个边界内拖到编辑区中。同样方法,也可以在窗口中显示 IEEE Toolbar(IEEE 工具条)栏。

执行菜单命令Edit→Jump→Origin,将光标定位到原点处。在 SCH lib 绘图工具栏中单击□矩形绘图按钮,或执行菜单命令Place→Rectangle,或直接在键盘上按 P、R 字母,就立刻处于画矩形状态。此时鼠标指针旁边会多出一个大"十"字符号,矩形方块跟着鼠标移动,将方块移动到第四象限,使方块左上角的大"十"字与坐标中心的原点重合,单击鼠标将左上角固定。然后鼠标就自动移动到方块的右下角,移动鼠标确定方块尺寸大小为 5×9 格后,单击鼠标将方块右下角确定,如图 0-41 所示。单击鼠标右键取消画矩形状态。

图 0-40 SCH lib 绘图工具栏

图 0-41 绘制 5×9 格方块图

⑤ 放置元件引脚

在 SCH lib 绘图工具栏中单击 ⚐ 放置引脚按钮，或执行菜单命令 P̲lace→P̲ins，或直接在键盘上按 P、P 字母，就切换到放置引脚模式。此时鼠标指针旁边会多出一个大"十"字符号及一条短线，这条短线就是一个引脚，没有连着大"十"字的另一端有一个黑点，表示该端具有电气属性，必须使该端放置在元件外侧，连着大"十"字的一端没有电气含义，必须放置在元件内侧，如图 0-42 所示。将鼠标移动到该放置管脚的地方，单击鼠标将引脚一个接一个地放置，注意用键盘上的空格键调整管脚的方向。放置时按键盘左上方的"Tab"键，或放置引脚后，双击引脚，或右击引脚，选择"Properties"，弹出 Pin 属性设置对话框，如图 0-43 所示。

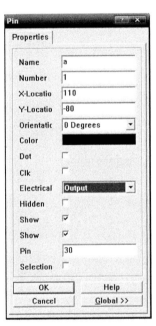

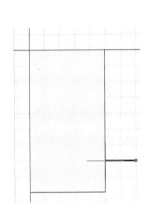

图 0-42　放置引脚　　　　　　　图 0-43　Pin 属性设置对话框

对话框中主要选项含义是：

"Name"栏是要填入的引脚名字。一般为字符串，如 a、b、c、BO、CO 等，也可以是数字，甚至空白。若要在引脚名上放置上划线，表示该引脚低电平有效，可使用字符"\"来实现。其中 $\overline{CT}$ 在 Name(引脚名)处应输入 C\T\、$\overline{LE}$ 在 Name 处应输入 L\E\，选中最上面的"Show"的复选框，显示引脚名字，否则，将会隐藏。本项目中所有引脚都选中这个"Show"的复选框。

"Number"栏表示的是引脚序号，一般用数字，如 1、2、3 等，但不能重复，每个引脚必须有，因为从原理图更新到 PCB 图就是通过元件序号与 PCB 元件封装的焊盘序号建立一一对应关系的，故不能省略。但也可以用字符串。选中最下面的"Show"的复选框，显示引脚序号，否则，将会隐藏。本项目中所有引脚都选中这个"Show"的复选框。

"Dot"复选框表示的是引脚是否具有反向标志(负逻辑标志)。对于集成电路中低电平有效的输入端，一般会使该项被选中。当该项选中时，在引脚非电气端将出现一个小圆

24

圈。本项目中的$\overline{CT}$和$\overline{LE}$引脚选中此项。

"Clk"复选框表示的是引脚是否具有时钟标志,对于集成电路中时钟等输入引脚,一般会使该项被选中。当该项选中时,在引脚非电气端将出现一个">"。本项目中的 CPD和 CPU 引脚选中此项。

"Electrical"栏是选择引脚电气性质。一共有 8 种选择:Input 表示输入引脚;IO 表示输入输出引脚,双向;Output 表示输出引脚;Open Collector 表示集电极开路输出;Passive 表示被动引脚,当引脚的输入/输出特性不能确定时,可定义为被动特性。一般对于不易判断电气特性的引脚均选择"Passive",如电阻、电容、电感、三极管等分立元件的引脚;HiZ 表示三态,输出;Open Emitter 表示发射极开路输出;Power 表示电源引脚;知道电气特性引脚的直接在下拉选项中选中,特别是集成芯片中隐藏的电源和地引脚,必须将"Electrical"栏选为"Power"属性,否则电路图绘制中很容易遗忘连线,导致出现错误,而明确选为"Power"属性后,则该引脚的名称被自然默认为网络标号,将自动与电路中的同名网络相连。本项目中 CPD 和 CPU 引脚选择"Input",a-g、BO 和 CO 引脚都选择"Output",VDD 和 VSS 引脚都选择"Power"。

表 0-6　引脚的重要属性

引脚	Name	Number	Dot	Clk	Electrical	Hidden	Show	Show	Pin
1	a	1			Output		√	√	30
2	g	2			Output		√	√	30
3	f	3			Output		√	√	30
4	/CT	4	√		Passive		√	√	30
5	CR	5			Passive		√	√	30
6	/LE	6	√		Passive		√	√	30
7	CP_D	7		√	Input		√	√	30
8	V_{SS}	8			Power	√	√	√	30
9	CP_U	9		√	Input		√	√	30
10	CO	10			Output		√	√	30
11	BO	11			Output		√	√	30
12	e	12			Output		√	√	30
13	d	13			Output		√	√	30
14	c	14			Output		√	√	30
15	b	15			Output		√	√	30
16	V_{DD}	16			Power	√	√	√	30

"Hidden"复选框表示的是引脚是否被隐藏。当选中时隐藏该引脚,否则显示。集成电路芯片的电源(VCC)引脚、地线(GND)引脚常常处于隐藏状态。本项目中的 VDD 和 VSS 引脚均选中此项。

"Pin"栏是要填入的引脚长度。因为 SCH 编辑器栅格锁定距离一般取 5 或 10mil,为保证连线对准,引脚长度一般取 5 或 10 的整数倍,所以引脚长度通常取 20 或 30mil。本项目中所有引脚在"Pin"栏都取 30。

在放置完 16 个引脚后,修改引脚 1 如图 0-43 所示,依此类推,对所有引脚属性作修改。

⑥ 定义元件属性

单击元件管理器中的"Description"按钮,系统将弹出元件文本设置对话框,如前面图 0-30 所示,设置"Default Designator"栏为"U?"(元件默认编号),"Footprint"栏为"DIP-16",也可以在"Description"栏中填入"十进制可逆计数器/锁存器/译码器/驱动器",单击"OK"按钮确定,完成的 CD40110 元件符号如图 0-44 所示。再去掉 Browse SchLib 元件管理器中的"Hidden Pins"框中的"√",电源引脚隐藏的 CD40110 元件符号如图 0-45 所示。

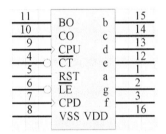

图 0-44 CD40110 元件符号   图 0-45 电源引脚隐藏的 CD40110 元件符号

单击主工具栏上的 ▣ 保存按钮或执行菜单命令 File→Save,保存该元件。

(2) 修改元件库内已有的类似的元件符号

1) 修改 4017 相近元件符号

在制作简易频率计电路原理图时,在 Protel 99 SE 元件库里找到的 4017 与原理图中的 4017 非常接近,但有点差异,就是个别引脚分布顺序不一样。其实不用重新绘制,可以直接从 Protel 99 SE 元件库里复制出该元件,粘贴到自己创建的"PLJ.Lib"元件库内稍作修改即可。具体操作如下:

① 若要在现有的元件库中,加入新设计的元件,只要打开自己创建的"PLJ.Lib"的元件库文件,进入元件编辑器窗口。在"SCH lib Drawing tools"(SCH lib 绘图工具栏)上单击添加新元件按钮▤,或执行菜单命令 Tools→New Component,或直接在键盘上先、后按"T"、"C"键,就可以按照前面的步骤进行新建元件符号命名,这里命名为"4017_1",就进入 4017_1 元件符号编辑窗口。单击左边元件管理器 Browse SchLib 窗口中的"Find"按钮,输入 4017,查找结果如图 0-46 所示,结果显示三个库里都有 4017,其实第一次操作时一般只显示上面两个元件库中存在 4017,第三个元件库只是一个临时文件,打不开 4017。因此任意选择上面两者之一(第一个和第二个库的 4017 仅是 13 引脚名字不一样,但功能一样)。这里选择第一个库,单击"Edit",进入如图 0-47 所示的界面,在编辑区,显示 Protel 99 SE 元件库中的 4017 元件符号。

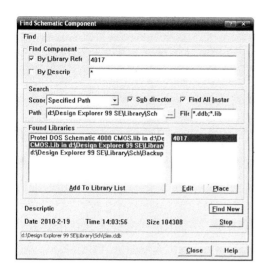

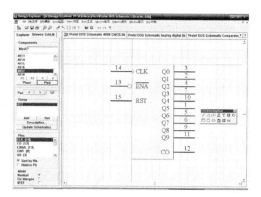

图 0-46　查找到 4017 结果　　　　图 0-47　Protel 99 SE 元件库中的 4017 元件符号

② 在图 0-47 所示的窗口,点击左边元件管理器 Browse SchLib 窗口中的"Hidden
Pin",隐藏的电源引脚立即显示出来。再按快捷键"Page Down",或单击主工具栏的 ,
或执行菜单命令"View→Zoom Out",或直接在键盘上先后按"V"、"O"键,适当缩小编辑
区,执行菜单命令"Edit→Select→All",或单击主工具栏的选择区域符号 ,全部选中该
元件,直到所有组件都变成统一颜色为止。注意一定要确保所有元件的组件都处于选中
状态,如图 0-48 所示。同时按住键盘上的"Ctrl＋C"组合键,或执行菜单命令"Edit→Cop-

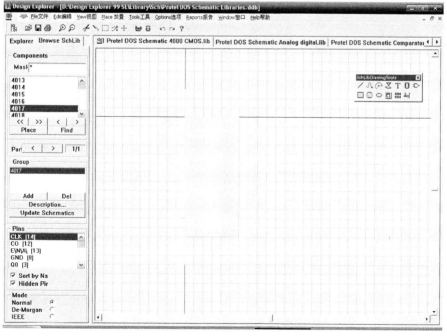

图 0-48　选中元件的所有组件

y"，或直接在键盘上先后按"E"、"C"键，出现十字架，在编辑区十字架中心处单击，将元件复制到剪贴板中，且以中心作为参考点，同时光标的十字架立即消失。注意一定要及时对该元件撤销选中，否则将会改变原有的元件库。这里只要马上单击主工具栏的 ❂ 按钮或执行菜单命令"Edit→Deselect→All"即可。

单击左边窗口的文档管理器"Explorer"，找到文件目录结构下的设计文件数据库 PLJ.ddb，单击在其下的 Documents 里的"PLJ.Lib"，进入到"PLJ.Lib"库文件的元件编辑器窗口。同时按住"Ctrl+V"，或执行菜单命令"Edit→Paste"，立即出现十字架拖一个元件，将光标移到在编辑区内的十字架中心，单击左键，完成元件的复制。单击主工具栏的 ❂ 取消选中按钮或执行菜单命令"Edit→Deselect→All"撤销元件的选中状态。

③ 在 Protel 99 SE 元件库的 4017 与需要设计的 4017 除了隐藏的电源引脚外，还有 13、14、15 引脚的排列顺序不一样，只需在"PLJ.Lib"库文件的元件编辑器窗口中修改刚才复制来的元件符号。单击 14 引脚，14 引脚周围出现虚线框，光标放在 14 引脚上，按住鼠标左键，光标旁边立即出现十字架，一直按住鼠标左键拖移 14 引脚到该元件同侧下方任意位置。按同样方法将 15 引脚拖移到原 14 引脚的位置，将 13 引脚拖移到原 15 引脚的位置，再把 14 引脚拖移到原 13 引脚的位置。把电源 VCC 引脚拖移到方块上方的中央位置，把电源 GND 引脚拖移到方块下方的中间位置，这样满足要求的 4017 就绘制成了，如图 0-49 所示。点击左边元件管理器 Browse SchLib 窗口中的"Hidden Pin"，显示的电源引脚立即隐藏起来，如图 0-50 所示。最后单击"保存"按钮。

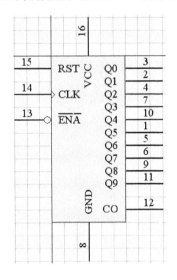

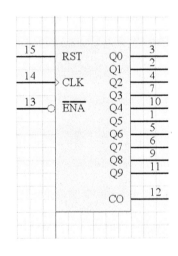

图 0-49　绘制的 4017　　　　　图 0-50　绘制的隐藏电源引脚 4017

2) 修改数码管相近元件符号

简易频率计电路原理图中的数码管（如图 0-51 所示）与在 Protel 99 SE 软件"Miscellaneous Devices.lib"元件库里找到的数码管"DPY_7-SEG_DP"（如图 0-52 所示）也有差异。一是多了两个引脚，二是引脚序号不对应。

"Miscellaneous Devices.lib"元件库里的数码管"DPY_7-SEG_DP"符号在实际中是

不能使用的,因为图 0-52 所示的数码管符号与实际数码管引脚(如图 0-53 所示)不相符合。具体分析如下。

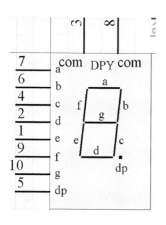

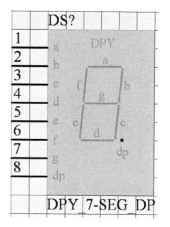

图 0-51 设计电路图所需的七段数码管   图 0-52 Protel 99 SE 元件库的七段数码管

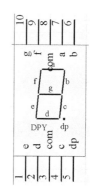

图 0-53 实际数码管及其引脚排列

元件库里的数码管段码 a,b,c…g 和小数点 dp 的引脚号与实际不符,而且没有 com 公共端。

简易频率计电路原理图中的数码管(如图 0-51 所示)与实际数码管引脚数量和序号一致,仅是分布排列不一样。因此需要复制、修改"Miscellaneous Devices. lib"元件库里的数码管,绘制满足本项目需要的数码管。

① 按照前面修改 4017 的方法,在 SCH lib 绘图工具栏上单击添加新元件按钮，命名为"DPY_7－SEG_DP _1"。找元件后,复制"Miscellaneous Devices. lib"元件库里的数码管 DPY_7－SEG_DP 到"PLJ. Lib"库的元件编辑窗口。

这里介绍另一种过滤方法找元件。添加新元件命名后,执行菜单命令"File→Open",打开"Design Explorer 99 SE\ Library\ Sch\ Miscellaneous Devices. ddb"数据库,双击"Miscellaneous Devices. ddb"图标,进入 SCHLib 编辑状态,在元件列表窗中右边移动滑条,找到 DPY_7－SEG_DP,或直接在"Mask"栏中的通配符" * "前输入"DPY_7－SEG_DP",注意不要去掉栏中通配符" * "号。编辑区内将最大显示该元件,如图 0-54 所示,按

29

快捷键"Page Down",或单击主工具栏的 🔍,适当缩小编辑区。按照前面修改 4017 的方法,复制 SCHLib 编辑状态中的 DPY_7－SEG_DP 到"PLJ.Lib"库的元件编辑窗口。

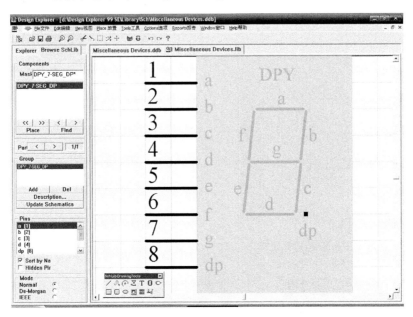

图 0-54 系统元件库 SCHLib 编辑状态中的 DPY_7－SEG_DP 最大显示

② 在元件编辑窗口,在撤销元件的选中状态后。双击元件的引脚 a,按照绘制 CD40110 引脚的方法,修改元件引脚属性,在"Number"栏改为"7",其余栏不改变(注意最上面的"Show"框中不要选中,否则将出现两个 a,因为有一个 a 是用字符串工具写上的)。用同样方法,修改完所有的引脚序号,如图 0-55 所示。

③ 由于实际数码管有两个公共端,接下来绘制公共端。按照绘制 CD40110 引脚的方法,单击 SCH lib 绘图工具栏上的放置引脚按钮 ⚡️,并按"Tab"键,修改属性,在"Name"栏里写入"com",在"Number"栏填入"3",最上面的"Show"框中不要选中,选中最下面的"Show"框,"Pin"栏填入"20",然后单击"OK"按钮,恢复到十字号带一个短线状态,移动光标到方块上方的左 2 格或右 4 格处,单击左键,序号 3 引脚就停在方块上方;光标仍然是十字号带一个短线,同样方法,按"Tab"键,只是在"Number"栏里把自动升位的"4"改为"8",移动光标到方块上方的左 4 格或右 2 格处,单击左键,序号 8 引脚就停在

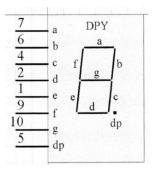

图 0-55 修改好所有的引脚序号

方块上方,单击右键退出放置引脚状态。序号 3 和 8 引脚并没有完全绘制好,设置栅格大小,在"Snap"栏里填入"5",单击"OK"按钮。单击 SCH lib 绘图工具栏上的放置字符串按钮 **T**,或执行菜单命令"Place→Text",光标旁出现十字架带一个虚框,按"Tab"键,在弹出框的"Text"栏填入"com",若其框下拉选项中存在,则直接选中,不用写入。在颜色"Color"栏,选黑色,在字体"Font"栏单击"Change",在弹出框里的字体"大小"选用 8,其

他栏都不用改。单击"OK"按钮后移动光标到序号 3 引脚下方的方块里,单击左键,又到序号 8 引脚下方的方块里,单击左键,然后单击右键退出放置字符串状态,于是绘制好的数码管如图 0-51 所示。

2. 复合式元件的自定义绘制

复合式元件中单元的元件名相同,图形相同,只是引脚号不同,如 74LS00 就是一个复合式元件。如图 0-56 所示,这四个图形符号在原理图库中是一样的,一个元件中有四个这样的符号。

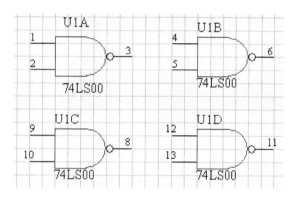

图 0-56　74LS00 中的四个元件符号

绘制复合式元件符号的操作步骤如下:

① 新建一个元件库文件,或者打开已建好的元件库文件,如 Schlib1. Lib。

② 新建一个元件,将元件命名为 74LS00。

③ 查找元件库中的元件符号 74LS00。如图 0-57 所示。

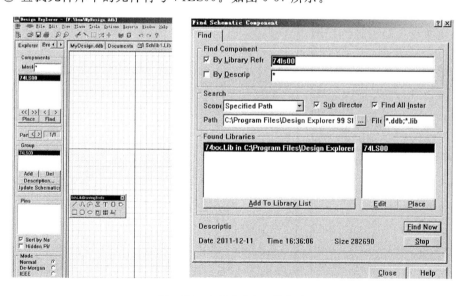

图 0-57　查找 74LS00 的方法

单击 Browse Schlib 选项卡中的"Find"按钮,系统将弹出 Find Schematic Component

（查找原理图元件）对话框，在 By Library Reference 中输入 74LS00，再单击"Find Now"按钮开始查找，如图 0-57 所示。

④ 单击"Edit"按钮，在屏幕上打开了库中原有的 74LS00 元件符号画面。

将该元件符号选中（变成黄色）。

⑤ 单击菜单命令 Edit/Copy，用十字光标在选中的图形上单击左键，复制该元件。

⑥ 单击主工具栏上的 按钮，取消该元件的选中状态后，将该元件 74LS00 的画面和所在的元件库关闭。

⑦ 回到 Schlib1.Lib 后，单击主工具栏中的 按钮，将复制好的 74LS00 符号粘贴到第四象限靠近中心的位置放好，取消选中状态。

⑧ 放置引脚并编辑引脚的属性（注意输入引脚 1、2 定义为 Input，输出引脚 3 定义为 Output，3 角的 Dot 选项应处于选中状态）。此时查看一下 Browse Schlib 选项卡中 Part 区域，显示"1/1"，此时说明 74LS00 的元件符号只有一个单元。

⑨ 新建一个元件单元。单击 Schlib Drawing Tools 工具栏中的 按钮，或者执行菜单命令 Tools/New Part，编辑窗口出现一个新的编辑画面，此时查看 Browse Schlib 选项卡中的 Part 区域，显示"2/2"，说明 74LS00 这个元件现在有两个单元。看一下元件名仍为 74LS00。

⑩ 复制元件符号，修改引脚。单击主工具栏中的 按钮，将复制好的 74LS00 符号粘贴到第四象限靠近中心的位置放好，取消选中状态。编辑刚刚复制的 74LS00 元件符号的引脚，将 Number 中的"1"改为"4"，将 Number 中的"2"改为"5"，将 Number 中的"3"改为"6"。

⑪ 重复以上⑧、⑨步骤，绘制第三、四单元。

⑫ 放置和编辑 VCC 和 GND 引脚。在每个单元中放置和编辑 VCC 和 GND 引脚，通过翻页来放置和编辑每个单元的引脚。如图 0-58(a)所示。单击主工具栏上的 按

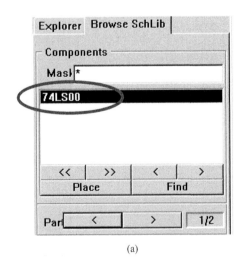
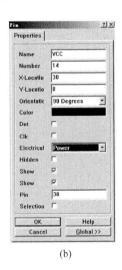

(a)   (b)

图 0-58　放置和编辑 VCC 和 GND 引脚

钮,当引脚处于游动状态时,按 Tab 键,就会出现放置引脚对话框。VCC 引脚编辑方法:将 Name 设为 VCC;Number 设为 14;Electrical 设为 Power;其他如图 0-59(b)所示。GND 引脚编辑方法:将 Name 设为 GND;Number 设为 7;其他与编辑 VCC 的方法相同。

⑬ 放置号 VCC 和 GND 引脚后,分别选中两个引脚的 Hidden 属性,将其隐藏。

⑭ 定义元件属性。如图 0-59 所示。单击 Browse Schlib 选项卡中的"Description"按钮,就会出现如图 0-59(b)。设置 Default 为 U;Footprint 为 DIP14。

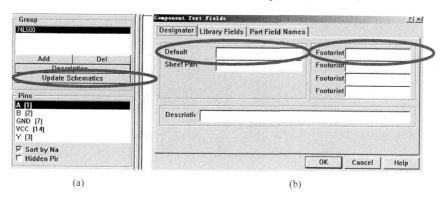

(a)　　　　　　　　　　　　　　(b)

图 0-59　定义元件属性

⑮ 保存。

0.3.3　在原理图中使用自己绘制的自定义元件符号

1. 在同一数据库文件中使用

方法:打开自己绘制的自定义元件符号如 74LS00 画面,单击 Browse Schlib 选项卡中的【Place】按钮,该元件就被放到了打开的原理图文件中。若没有新建原理图文件,则系统会新建一个原理图文件,将元件放置其中。

2. 在不同数据库文件中使用

方法:使用加载元件库的方法(单击 Browse Schlib 选项卡中的"Add/Remove"按钮),找到自己建立的自定义元件库 Schlib1.Lib 存放的位置,如自建的元件符号库文件被保存在 F/bxm/教材图/Schlib1.Lib,注意:一定将文件类型(T):选为扩展名为 .lib 才能找到 Schlib1.Lib 文件,如图 0-60(a)所示。双击该文件或者单击该文件再单击下方的"Add"按钮,就会将自建的元件符号库加载到自己的原理图文件所需的库中,如图 0-60(b)所示。

0.3.4　常见元件符号及所在的元件库

常见的元件符号及所在的元件库如表 0-7 所示。

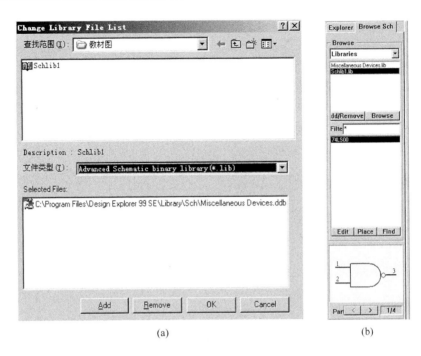

(a)   (b)

图 0-60　加载自建的元件符号库文件

表 0-7　常见元件符号及所在的元件库

名　称	元件符号	Lib Ref(元件名)	所在的元件库
与　门		AND	Miscellaneous Devices. ddb
		4081	Protel Dos Schematic 4 000 Cmos . Lib
		74LS09	Protes Dos Schematic TTL. Lib
天线		ANTENNA	Miscellaneous Devices. ddb
电池		BATTERY	Miscellaneous Devices. ddb
钟铃		BELL	Miscellaneous Devices. ddb
同轴电缆接插件		BNC	Miscellaneous Devices. ddb
整流桥(二极管)		BRIDGE 1	Miscellaneous Devices. ddb
整流桥(集成块)		BRIDGE 2	Miscellaneous Devices. ddb

名　　称	元件符号	Lib Ref(元件名)	所在的元件库
缓冲器		BUFFER	Miscellaneous Devices. ddb
		4050	Protel DOS Schematic Libraries. ddb
		74ALS35	Protel DOS Schematic Libraries. ddb (Protel Dos Schematic TTL. Lib)
蜂鸣器		BUZZER	Miscellaneous Devices. ddb
电容		CAP	Miscellaneous Devices. ddb
电容		CAPACITOR	Miscellaneous Devices. ddb
有极性电容		CAPACITOR POL	Miscellaneous Devices. ddb
可调电容		CAPVAR	Miscellaneous Devices. ddb
熔断丝		CIRCUIT BREAKER	Miscellaneous Devices. ddb
同轴电缆		COAX	Miscellaneous Devices. ddb
插口		CON2	Miscellaneous Devices. ddb
晶体振荡器		CRYSTAL	Miscellaneous Devices. ddb
9 针连接器（并行插口）		DB9	Miscellaneous Devices. ddb
二极管		DIODE	Miscellaneous Devices. ddb
稳压二极管		DIODE SCHOTTKY	Miscellaneous Devices. ddb
变容二极管		DIODE VARACTOR	Miscellaneous Devices. ddb
3 段 LED		DPY_3－SEG	Miscellaneous Devices. ddb
7 段 LED		DPY_7－SEG	Miscellaneous Devices. ddb

名 称	元件符号	Lib Ref(元件名)	所在的元件库
7 段 LED(带小数点)		DPY_7－SEG_DP	Miscellaneous Devices. ddb
电解电容		ELECTRO1	Miscellaneous Devices. ddb
电解电容		ELECTRO2	Miscellaneous Devices. ddb
熔断器		FUSE1	Miscellaneous Devices. ddb
电感		INDUCTOR	Miscellaneous Devices. ddb
带铁芯电感		INDUCTOR IRON	Miscellaneous Devices. ddb
可调电感		INDUCTOR3	Miscellaneous Devices. ddb
N 沟道场效应管		JFET N	Miscellaneous Devices. ddb
P 沟道场效应管		JFET P	Miscellaneous Devices. ddb
灯泡		LAMP	Miscellaneous Devices. ddb
启辉器		LAMP NEDN	Miscellaneous Devices. ddb
发光二极管		LED	Miscellaneous Devices. ddb
仪表		METER	Miscellaneous Devices. ddb
麦克风		MICROPHONE1	Miscellaneous Devices. ddb
MOS 管		MOSFET N	Miscellaneous Devices. ddb
交流电机		MOTOR AC	Miscellaneous Devices. ddb
伺服电机		MOTOR SERVO	Miscellaneous Devices. ddb

基础项目 0.4　PCB 图设计要点

0.4.1　手工设计 PCB 图的步骤

手工设计 PCB 图的步骤为:新建 PCB→规划电路板→加载元件库→放置元件→布线。

0.4.2　自动布线设计 PCB 图的步骤

自动布线设计 PCB 图的步骤为:新建 PCB→设置层及规划电路板→加载元件封装库→加载网络表→元件布局及调整→保存 PCB 文件。

0.4.3　自动布线设计 PCB 图

1. 新建 PCB

新建一个 PCB 文件。

2. 创建机械层 Mechanical1、Mechanical4

执行菜单命令 Design→Mechanical Layers 选择机械层,机械层选择对话框如图 0-61 所示。

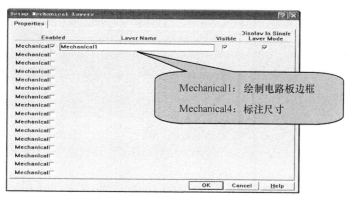

图 0-61　机械层选择对话框

3. 设置相对原点

单击放置工具栏的▨放置坐标原点按钮,设置当前坐标原点。

4. 规划电路板

(1)手工规划电路板

1) 绘制电路板物理边界

将当前层切换到机械层 Mechanical1,按要求绘制电路板边框。

① 单击主工具栏上的█按钮,设置锁定栅格。

② 把当前层切换为 Mechanical。

③ 绘制电路板物理边框如图 0-62 所示:单击画线工具,绘制导线,该导线围成的形状就是电路板的形状,该导线围成的大小就是电路板的大小。

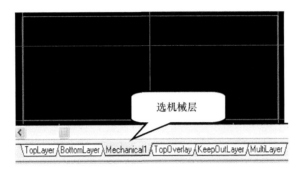

图 0-62 绘制电路板物理边框

2) 绘制电路板电气边界

电路板的电气边界,是指在电路板上设置的元件布局和布线的范围,如图 0-63 所示。电气边界一般定义在禁止布线层 Keep out Layer。

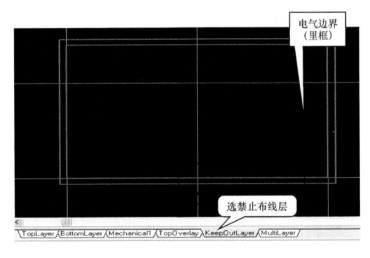

图 0-63 绘制电路板电气边界

(2) 使用向导生成电路板

① 执行 File→New 命令,在弹出的对话框中选择 Wizards 选项卡,如图 0-64 所示。

② 选择 Print Circuit Board Wizard(印刷电路板向导)图标,单击"OK"按钮,将弹出如图 0-65 所示的对话框。

③ 单击"Next"按钮,将弹出图 0-66 所示的选择预定义元件标准板对话框。选择系统已经预先定义好的板卡类型或自定义板卡尺寸。

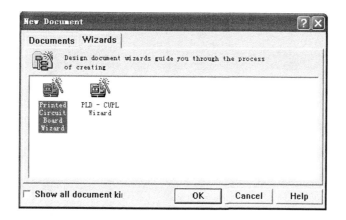

图 0-64 选择 Wizards 选项卡

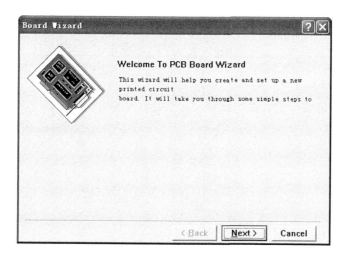

图 0-65 印刷电路板向导对话框

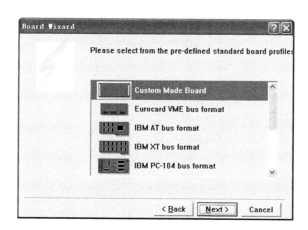

图 0-66 选择预定义元件标准板对话框

④ 选择 Custom Made Board 项（自定义），单击"Next"按钮，系统弹出设定电路板相关参数的对话框，如图 0-67 所示。

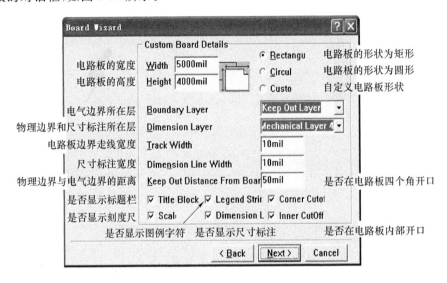

图 0-67　设定电路板相关参数的对话框

设置完毕，系统将弹出有关电路板尺寸参数设置的对话框如图 0-68 所示。

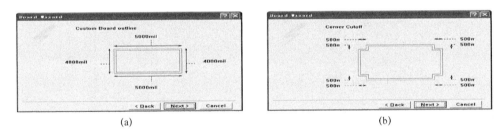

(a)　　　　　　　　　　　　　　　　　　(b)

图 0-68　设置电路板的边框尺寸和四个角的开口尺寸

如果在图 0-67 中 Title Block 项被选中，系统将弹出如图 0-69 所示的对话框。

图 0-69　设置对话框

单击"Next"按钮,将弹出如图 0-70 所示对话框,设置信号层的数量和类型,以及电源/接地层的数目。

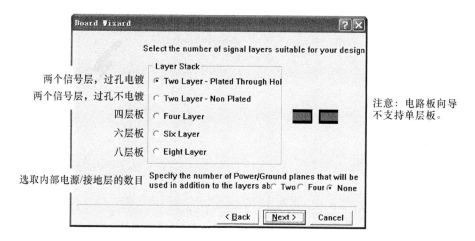

图 0-70　设置信号层的数量和类型、电源/接地层的数目

单击"Next"按钮,将弹出如图 0-71 所示的对话框,可设置过孔的类型(穿透过孔、盲孔和隐藏过孔)。对于双层板,只能使用穿透过孔。

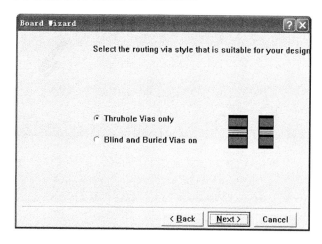

图 0-71　设置过孔的类型

单击"Next"按钮,将弹出如图 0-72 所示对话框,可设置将要使用的布线技术:针脚式元件或表面粘贴式元件。

如选择针脚式元件,则要设置在两个焊盘之间穿过导线的数目,如图 0-73 所示。

单击"Next"按钮,将弹出如图 0-74 所示的对话框,设置最小的导线宽度、最小的过孔尺寸、相邻导线间的最小间距。

单击"Next"按钮,弹出是否作为模板保存的对话框如图 0-75 所示。

如果选择此项,则系统会提示输入模板名称和模板的文字描述。

单击"Next"就会出现如图 0-76 所示对话框。

单击"Finish"按钮结束生成电路板的过程。生成的电路板如图 0-77 所示。

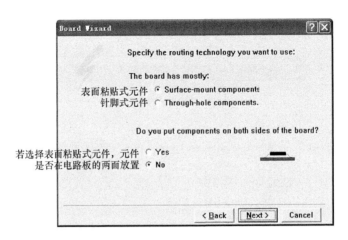

图 0-72　设置针脚式元件和表面粘贴式元件

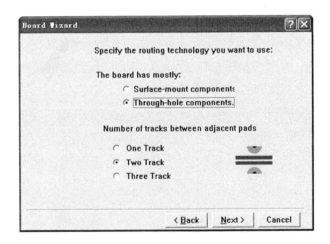

图 0-73　在两个焊盘之间设置穿过导线的数目

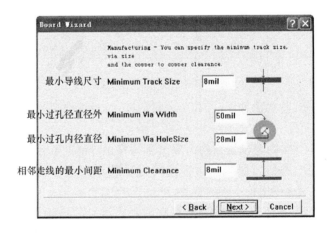

图 0-74　设置最小的导线宽度、最小的过孔尺寸、相邻导线间的最小间距

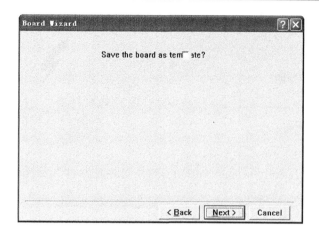

图 0-75 是否作为模板保存的对话框

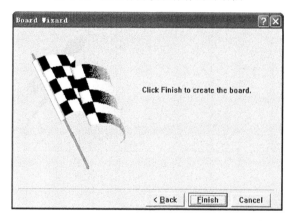

图 0-76 生成电路板结束对话框

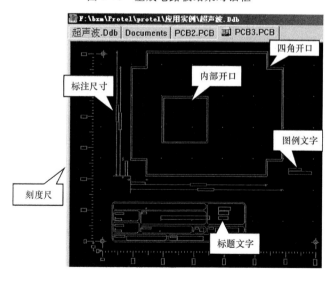

图 0-77 利用向导生成的 PCB

5. 恢复绝对原点

执行菜单命令 Edit→Origin→Reset。

6. 装入元件封装库

Design→Add/Remove Library 或单击主工具栏的 ▣ 图标
加载所需的元件库。

7. 装入网络表

执行菜单命令 Design →Load Netlist，装入网络表如图 0-78 所示。

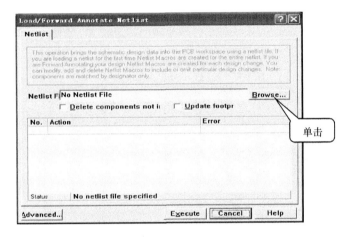

图 0-78　装入网络表对话框

8. 设置自动布局参数

执行菜单命令 Design→Rule，选择 Placement 选项卡，如图 0-79 所示。

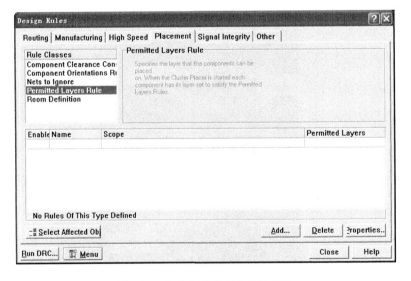

图 0-79　设置自动布局参数对话框

- Component Clearance Constraint(元件间距临界值):设置元件之间的最小间距。
- Component Orientations Ruler(元件放置角度):设置元件的放置角度。
- Net to Ignore(网络忽略):设置在利用 Cluster Placer 方式进行自动布局时,应该忽略哪些网络走线造成的影响,这样可以提高自动布局的速度与质量。一般将接地和电源网络忽略掉。
- Permitted Layer Ruler(允许元件放置层):设置允许元件放置的电路板层。
- Room Definition:定义房间。

9. 元件布局

元件布局包括手动布局和自动布局。

 知识链接:元件布局标准

1. 根据结构图设置板框尺寸,按结构要素布置安装孔、接插件等需要定位的器件,并给这些器件赋予不可移动属性。按工艺设计规范的要求进行尺寸标注。

2. 根据结构图和生产加工时所须的夹持边设置印制板的禁止布线区、禁止布局区域。根据某些元件的特殊要求,设置禁止布线区。

3. 综合考虑 PCB 性能和加工的效率选择加工流程。

加工工艺的优选顺序为:元件面单面贴装—元件面贴、插混装(元件面插装焊接面贴装一次波峰成型)—双面贴装—元件面贴、插混装、焊接面贴装。

4. 布局操作的基本原则

A. 遵照"先大后小,先难后易"的布置原则,即重要的单元电路、核心元器件应当优先布局。

B. 布局中应参考原理框图,根据单板的主信号流向规律安排主要元器件。

C. 布局应尽量满足以下要求:总的连线尽可能短,关键信号线最短;高电压、大电流信号与小电流,低电压的弱信号完全分开;模拟信号与数字信号分开;高频信号与低频信号分开;高频元器件的间隔要充分。

D. 相同结构电路部分,尽可能采用"对称式"标准布局。

E. 按照均匀分布、重心平衡、版面美观的标准优化布局。

F. 器件布局栅格的设置,一般 IC 器件布局时,栅格应为 $50 \sim 100$ mil,小型表面安装器件,如表面贴装元件布局时,栅格设置应不少于 25 mil。

G. 如有特殊布局要求,应双方沟通后确定。

5. 同类型插装元器件在 X 或 Y 方向上应朝一个方向放置。同一种类型的有极性分立元件也要力争在 X 或 Y 方向上保持一致,便于生产和检验。

6. 发热元件一般应均匀分布,以利于单板和整机的散热,除温度检测元件以外的温度敏感器件应远离发热量大的元器件。

7. 元器件的排列要便于调试和维修,亦即小元件周围不能放置大元件、需调试的元器件周围要有足够的空间。

8. 需用波峰焊工艺生产的单板,其紧固件安装孔和定位孔都应为非金属化孔。当安装孔需要接地时,应采用分布接地小孔的方式与地平面连接。

9. 焊接面的贴装元件采用波峰焊接生产工艺时,阻、容件轴向要与波峰焊传送方向垂直,阻排及 SOP(PIN 间距大于等于 1.27 mm)元器件轴向与传送方向平行;PIN 间距小于 1.27 mm(50 mil)的 IC、SOJ、PLCC、QFP 等有源元件避免用波峰焊焊接。

10. BGA 与相邻元件的距离大于 5 mm。其他贴片元件相互间的距离大于 0.7 mm;贴装元件焊盘的外侧与相邻插装元件的外侧距离大于 2 mm;有压接件的 PCB,压接的接插件周围 5 mm 内不能有插装元、器件,在焊接面其周围 5 mm 内也不能有贴装元、器件。

11. IC 去偶电容的布局要尽量靠近 IC 的电源管脚,并使之与电源和地之间形成的回路最短。

12. 元件布局时,应适当考虑使用同一种电源的器件尽量放在一起,以便于将来的电源分隔。

13. 用于阻抗匹配目的阻容器件的布局,要根据其属性合理布置。串联匹配电阻的布局要靠近该信号的驱动端,距离一般不超过 500 mil。匹配电阻、电容的布局一定要分清信号的源端与终端,对于多负载的终端匹配一定要在信号的最远端匹配。

自动布局执行菜单命令 Tools→Auto Placement→Auto Placer,如图 0-80 所示。

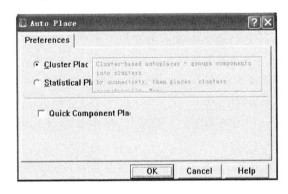

图 0-80　元件自动布局对话框

• Cluster Placer:群集式布局方式。

根据元件的连通性将元件分组,使其按照一定的几何位置布局。这种布局方式适合于元件数量较少(小于 100)的电路板设计。

• Statistical Placer:统计式布局方式。

遵循连线最短原则布局元件,无须另外设置布局规则。这种布局方式最适合元件数目超过 100 的电路板设计。

• Quick Component Placement:快速布局,但不能得到最佳布局效果。

Cluster Placer:群集式布局结果如图 0-81 所示。

Statistical Placer:统计式布局方式。选择这种布局方式,将弹出如图 0-82 所示的对话框。

Group Components 复选框:将当前网络中连接密切的元件合为一组,布局时作为一个整体来考虑。

Rotate Components 复选框:根据布局的需要将元件旋转。

Power Nets 文本框:在该文本框输入的网络名将不被列入布局策略的考虑范围,这

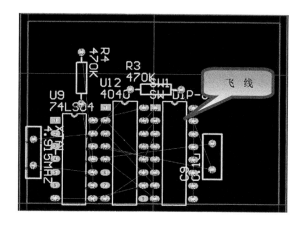

图 0-81　群集式布局结果

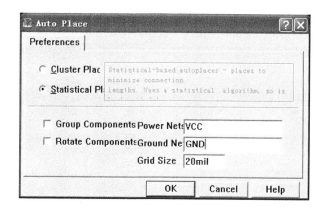

图 0-82　统计式布局方式

样可以缩短自动布局的时间,电源网络就属于此种网络。

　　Ground Nets 文本框:含义同 Power Nets 文本框。输入接地网络名称。

　　Grid Size:设置自动布局时的栅格间距。默认为 20 mil。

　　统计式布局结果如图 0-83 所示。飞线表示元件之间的连接关系。

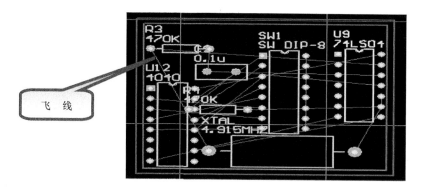

图 0-83　统计式布局结果

10．手工调整布局

① 按照电路的流程安排各个功能电路单元的位置,使布局便于信号流通,并使信号尽可能保持一致的方向。

② 以每个功能电路的核心元件为中心,围绕它来进行布局。元器件应均匀、整齐、紧凑地排列在 PCB 上。尽量减少和缩短各元器件之间的引线和连接。

③ 尽量加宽电源、地线宽度,最好是地线比电源线宽,它们的关系是:地线>电源线>信号线,通常信号线宽为:$0.2 \sim 0.3$ mm,最细宽度可达 $0.05 \sim 0.07$ mm,电源线为 $1.2 \sim 2.5$ mm,用大面积铜层作地线用,在印制板上把没被用上的地方都与地相连接作为地线用,做成多层板,电源、地线各占用一层。如图 0-84 所示。

11．引出输入、输出端

(1) 引出的方法有两种:利用焊盘引出和利用插接件引出。

(2) 以利用焊盘引出为例:

① 放置焊盘的原则是:就近放置焊盘。如图 0-85 所示。

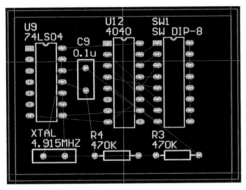

图 0-84　元件布局结果

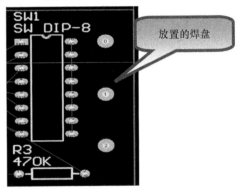

图 0-85　放置焊盘作为引出端

② 编辑焊盘属性如图 0-86 所示。

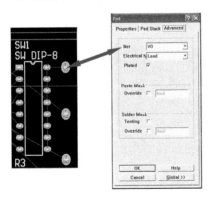
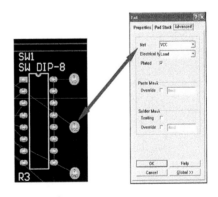

图 0-86　编辑焊盘属性

12. 设置自动布线规则

执行菜单命令 Design→Rules,选择 Routing 选项卡,如图 0-87 所示。

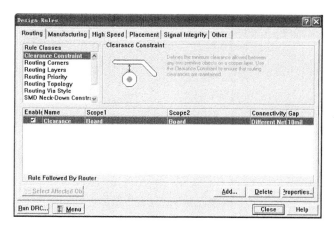

图 0-87　设置自动布线规则对话框

(1) Clearance Constraint:设置安全间距。如图 0-88 所示。

设置同一个工作层上的导线、焊盘、过孔等电气对象之间的最小间距。

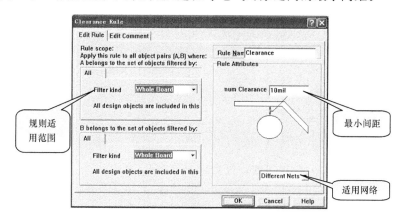

图 0-88　设置安全间距

(2) Routing Corners :设置布线的拐角模式。如图 0-89 所示。

设置布线时拐角的形状及拐角走线垂直距离的最小和最大值。

(3) Routing Layers :设置布线工作层。如图 0-90 所示。

设置布线的工作层及在该层上的布线方向。

单面板:

Top Layer:Not used。

Bottom Layer:Any。

双面板:

Top Layer 与 Bottom Layer 的走线应相互垂直,即分别选择 Horizontal(水平方向)
和 Vertical(垂直方向)。

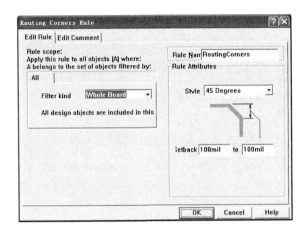

图 0-89　设置布线的拐角模式

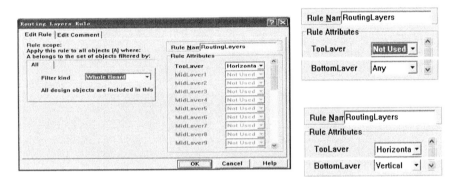

图 0-90　设置布线工作层

本例选择双面电路板。

（4）Routing Priority：设置布线优先级。如图 0-91 所示。

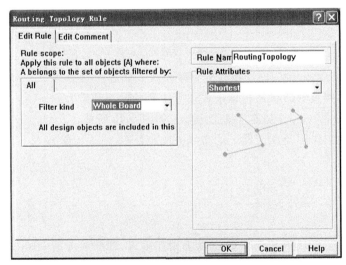

图 0-91　设置布线优先级

（5）Routing Topology：设置布线的拓扑结构。

系统默认拓扑结构为 Shortest，最短连线拓扑结构。

（6）Routing Via Style：设置过孔类型。如图 0-92 所示。

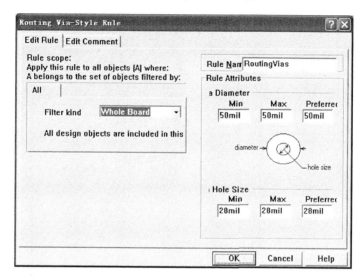

图 0-92　设置过孔类型

（7）Width Constraint：设置布线宽度。如图 0-93 所示。

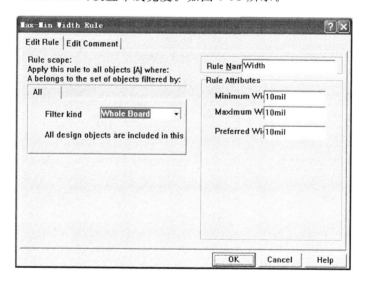

图 0-93　设置布线宽度

设置电源和接地网络线宽：如图 0-94 为设置网络线宽，图 0-95 为设置 GND 网络线宽所示。

设置整板的线宽与 GND 的线宽后的效果如图 0-96 所示。

设置整板的线宽与 VCC、GND 的线宽后的效果如图 0-97 所示。

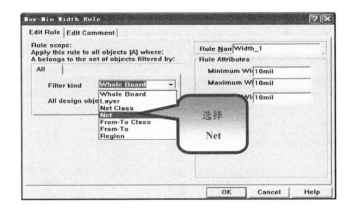

图 0-94　设置网络线宽

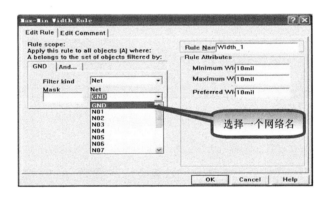

图 0-95　设置接地网络线宽

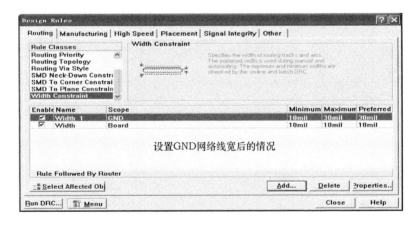

图 0-96　设置整板的线宽与 GND 的线宽

13. 运行自动布线

执行菜单命令 Auto Route→All,如图 0-98 所示。

布线完毕,系统弹出如图 0-99 所示对话框,显示布线结果。

单击"OK"按钮,就会出现自动布线结果。

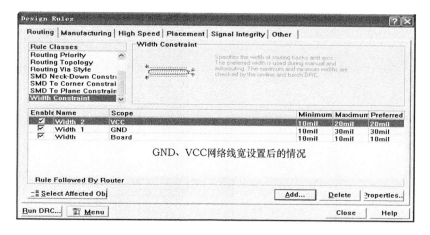

图 0-97　设置整板的线宽与 VCC、GND 的线宽

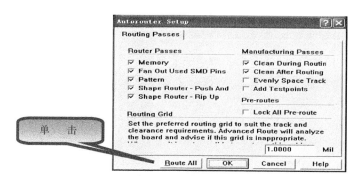

图 0-98　自动布线对话框

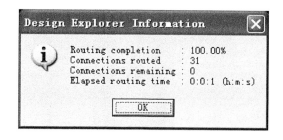

图 0-99　布线完毕对话框

 知识链接：布线标准

（1）布线优先次序

关键信号线优先：电源、模拟小信号、高速信号、时钟信号和同步信号等关键信号优先布线。

密度优先原则：从单板上连接关系最复杂的器件着手布线。从单板上连线最密集的区域开始布线。

尽量为时钟信号、高频信号、敏感信号等关键信号提供专门的布线层，并保证其最小的回路面积。必要时应采取手工优先布线、屏蔽和加大安全间距等方法。保证信号质量。

电源层和地层之间的 EMC 环境较差,应避免布置对干扰敏感的信号。

有阻抗控制要求的网络应布置在阻抗控制层上。

(2)进行 PCB 设计时应该遵循的规则

1)地线回路规则

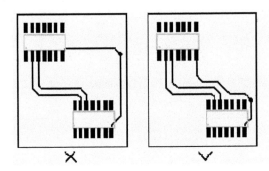

地线回路规则就是环路最小规则,即信号线与其回路构成的环形面积要尽可能小,环面积越小,对外的辐射越少,接收外界的干扰也越小。针对这一规则,在地平面分割时,要考虑到地平面与重要信号走线的分布,防止由于地平面开槽等带来的问题;在双层板设计中,在为电源留下足够空间的情况下,应该将留下的部分用参考地填充,且增加一些必要的孔,将双面地线有效连接起来,对一些关键信号尽量采用地线隔离,对一些频率较高的设计,需特别考虑其地平面信号回路问题,建议采用多层板为宜。

2)串扰控制

串扰(Cross Talk)是指 PCB 上不同网络之间因较长的平行布线引起的相互干扰,主要是由于平行线间的分布电容和分布电感的作用。克服串扰的主要措施是:

加大平行布线的间距,遵循 3W 规则。

在平行线间插入接地的隔离线。

减小布线层与地平面的距离。

3)屏蔽保护

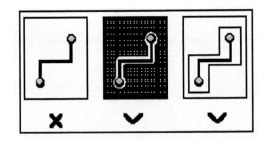

屏蔽保护对应地线回路规则,实际上也是为了尽量减小信号的回路面积,多见于一些比较重要的信号,如时钟信号,同步信号;对一些特别重要,频率特别高的信号,应该考虑采用铜轴电缆屏蔽结构设计,即将所布的线上下左右用地线隔离,而且还要考虑好如何有效的让屏蔽地与实际地平面有效结合。

4）走线的方向控制规则

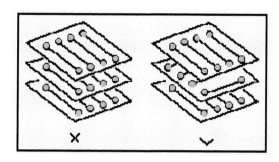

走线的方向控制规则即相邻层的走线方向成正交结构。避免将不同的信号线在相邻层走成同一方向，以减少不必要的层间串扰；当由于板结构限制（如某些背板）难以避免出现该情况，特别是信号速率较高时，应考虑用地平面隔离各布线层，用地信号线隔离各信号线。

5）走线的开环检查规则

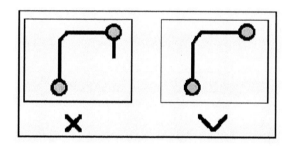

一般不允许出现一端浮空的布线（Dangling Line），主要是为了避免产生"天线效应"，减少不必要的干扰辐射和接受，否则可能带来不可预知的结果。

6）阻抗匹配检查规则

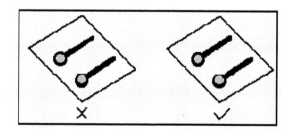

同一网络的布线宽度应保持一致，线宽的变化会造成线路特性阻抗的不均匀，当传输的速度较高时会产生反射，在设计中应该尽量避免这种情况。在某些条件下，如接插件引出线，BGA 封装的引出线类似的结构时，可能无法避免线宽的变化，应该尽量减少中间不一致部分的有效长度。

7）走线终结网络规则

A. 对于点对点（一个输出对应一个输入）连接，可以选择始端串联匹配或终端并联

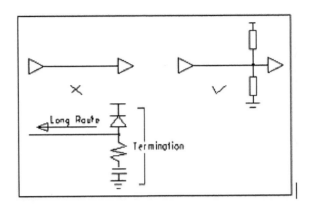

匹配。前者结构简单,成本低,但延迟较大。后者匹配效果好,但结构复杂,成本较高。

B. 对于点对多点(一个输出对应多个输出)连接,当网络的拓扑结构为菊花链时,应选择终端并联匹配。当网络为星形结构时,可以参考点对点结构。

星形和菊花链为两种基本的拓扑结构,其他结构可看成基本结构的变形,可采取一些灵活措施进行匹配。在实际操作中要兼顾成本、功耗和性能等因素,一般不追求完全匹配,只要将失配引起的反射等干扰限制在可接受的范围即可。

8) 走线闭环检查规则

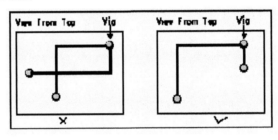

走线闭环检查规则就是防止信号线在不同层间形成自环。在多层板设计中容易发生此类问题,自环将引起辐射干扰。

9) 走线的分枝长度控制规则

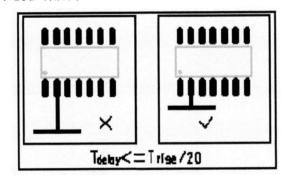

走线的分枝长度控制规则即尽量控制分枝的长度,一般的要求是 Tdelay $<$ = Trise/20。

10) 走线的谐振规则

56

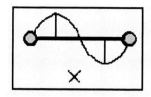 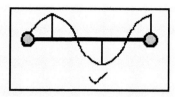

这个规则主要针对高频信号设计而言,即布线长度不得与其波长成整数关系,以免产生谐振现象。

11) 走线长度控制规则

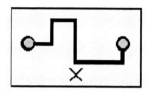 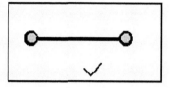

走线长度控制规则即短线规则,在设计时应该尽量让布线长度尽量短,以减少由于走线过长带来的干扰问题,特别是一些重要信号线,如时钟线,务必将其振荡器放在离器件很近的地方。对驱动多个器件的情况,应根据具体情况决定采用何种网络拓扑结构。

12) 倒角规则

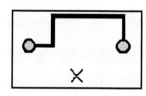 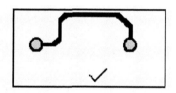

PCB 设计中应避免产生锐角和直角,产生不必要的辐射,同时工艺性能也不好。

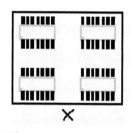 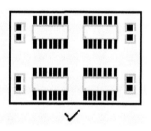

13) 器件去耦规则

A. 在印制版上,增加必要的去耦电容,滤除电源上的干扰信号,使电源信号稳定。在多层板中,对去耦电容的位置一般要求不太高,但对双层板,去耦电容的布局及电源的布线方式将直接影响到整个系统的稳定性,有时甚至关系到设计的成败。

B. 在双层板设计中,一般应该使电流先经过滤波电容滤波再供器件使用,同时还要充分考虑到由于器件产生的电源噪声对下游的器件的影响,一般来说,采用总线结构设计比较好,在设计时,还要考虑到由于传输距离过长而带来的电压跌落给器件造成的影响,必要时增加一些电源滤波环路,避免产生电位差。

C. 在高速电路设计中,能否正确地使用去耦电容,关系到整个板的稳定性。

14) 器件布局分区/分层规则

A. 主要是为了防止不同工作频率的模块之间的互相干扰,同时尽量缩短高频部分的布线长度。通常将高频的部分布设在接口部分以减少布线长度,当然,这样的布局仍然要考虑到低频信号可能受到的干扰。同时还要考虑到高/低频部分地平面的分割问题,通常采用将二者的地分割,再在接口处单点相接。

B. 对混合电路,也有将模拟与数字电路分别布置在印制板的两面,分别使用不同的层布线,中间用地层隔离的方式。

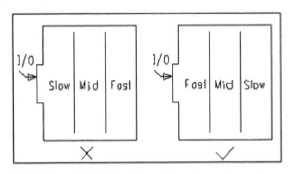

15) 孤立铜区,控制规则

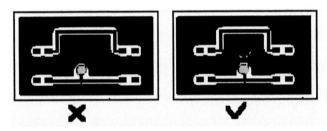

孤立铜区的出现,将带来一些不可预知的问题,因此将孤立铜区与别的信号相接,有助于改善信号质量,通常是将孤立铜区接地或删除。在实际的制作中,PCB 厂家将板的空置部分增加了一些铜箔,这主要是为了方便印制板加工,同时对防止印制板翘曲也有一定的作用。

16) 电源与地线层的完整性规则

对于导通孔密集的区域,要注意避免孔在电源和地层的挖空区域相互连接,形成对平面层的分割,从而破坏平面层的完整性,并进而导致信号线在地层的回路面积增大。

17) 重叠电源与地线层规则

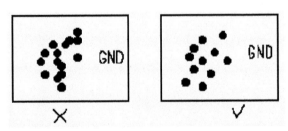

不同电源层在空间上要避免重叠。主要是为了减少不同电源之间的干扰,特别是一些电压相差很大的电源之间,电源平面的重叠问题一定要设法避免,难以避免时可考虑中

间隔地层。

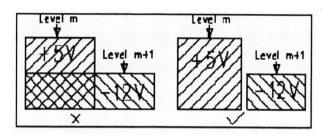

18）3W 规则

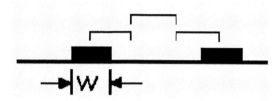

为了减少线间串扰,应保证线间距足够大,当线中心间距不少于 3 倍线宽时,则可保持 70％ 的电场不互相干扰,称为 3 W 规则。如要达到 98％ 的电场不互相干扰,可使用 10 W 的间距。

19）20H 规则

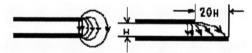

由于电源层与地层之间的电场是变化的,在板的边缘会向外辐射电磁干扰。称为边沿应。

解决的办法是将电源层内缩,使得电场只在接地层的范围内传导。以一个 H（电源和之间的介质厚度）为单位,若内缩 20 H 则可以将 70％ 的电场限制在接地层边沿内;内 100 H 则可以将 98％ 的电场限制在内。

20）五-五规则

印制板层数选择规则,即时钟频率到 5 MHz 或脉冲上升时间小于 5 ns,则 PCB 板须采用层板,这是一般的规则,有的时候出于成本等因素的考虑,采用双层板结构时,这种情况下,最好将印制板的一面作为一个完整的地平面层。

基础项目 0.5　创建元件封装库、绘制元器件封装

0.5.1　创建元件封装库

同新建原理图文件、原理图库文件一样,只是选择图 0-100 PCB Library Document 图

标。就会出现默认 PCB 元件封装库文件名 PCBLIB1. LIB,如图 0-101 所示。

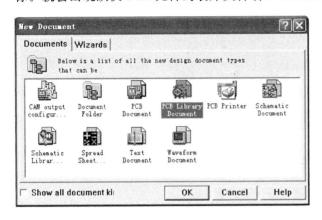

图 0-100　创建 PCB 元件封装库界面图　　　图 0-101　默认 PCB 元件封装库文件

双击新创建的 PCB 元件封装库文件名 PCBLIB1. LIB,就可以在该库中根据实际尺寸绘制元件封装。绘制元件封装的方法有手工创建新的元件封装和使用向导创建元件封装。

1. 手工创建新的元件封装

在"MyDesign. ddb"或"MyDesign2. ddb"设计数据库里面的 Document 中新建一个 PCB 元件封装库文件"PCBLIB1. Lib",在其中绘制以下封装。

(1) 发光二极管 LED 封装

PCB 元件封装库 Advpcb. ddb 中提供的二极管封装是 DIODE0. 4,即两个焊盘间距 400mil。这个封装不能使用的原因是引脚间距太大。通过测量实际发光二极管的引脚间距、焊盘孔径及轮廓半径,得知发光二极管封装数据如表 0-8 所示。

表 0-8　发光二极管封装数据

所测二极管部位	距离大小约为	所测二极管部位	距离大小约为
焊盘间距	120 mil	焊盘孔径	35 mil
焊盘直径	70 mil	元件轮廓半径	120 mil

在 PCB 元件封装库文件"PCBLIB1. LIB"中新建一个元件封装,更名为"LED0. 1",在绘制过程中注意,发光二极管封装的焊盘号不能采用默认的 1、2,因为 LED 元件符号中引脚号 Number 分别为 A 和 K,所以焊盘号 Designator 也分别为 A 和 K,正极为 A。绘制发光二极管封装的箭头时单击按钮或执行菜单命令"",将 Snap 的值设置为 1,绘制完后将 Snap 的值更改为 5。最后绘制的发光二极管封装如图 0-102 所示。

(2) 按钮开关 SW-PB 封装

采用的按钮开关,如图 0-103 所示,实际元件共有 4 个引脚,而实际原理图中的按钮开关 S1 是两个引脚。在绘制按钮开关封装之前,一定要先确定实际按钮开关的引脚分布,通过测量,开关引脚分布如图 0-104 所示。

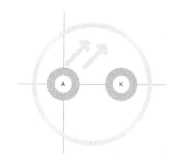

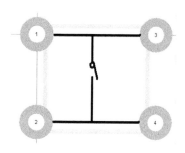

图 0-102　发光二极管封装　　图 0-103　实际按钮开关　　图 0-104　按钮开关引脚分布

通过测量实际按钮开关的引脚间距以及轮廓大小,得知按钮开关封装数据如表 0-9 所示。

表 0-9　按钮开关封装数据

所测按钮开关部位	距离大小约为
同侧焊盘间距	200 mil
异侧相对焊盘间距	280 mil
焊盘直径	80 mil
焊盘孔径	40 mil
元件正方形轮廓边长	240 mil

在 PCB 元件封装库文件"PCBLIB1. LIB"中新建一个元件封装,重命名为"SW-PB", 在绘制过程中注意,因为按钮开关原理图符号的引脚 Number 分别为 1、2,如图 0-105 所示,而实际开关引脚分布如图 0-104 所示,另两个引脚组成的另一个开关在本项目中没有使用,所以焊盘号 Designator 可随意设定为 3、4。最后绘制的按钮开关 SW-PB 封装如图 0-106 所示。

(3) DC 插座 JACK 封装

DC 插座 JACK,元件共有 3 个引脚,如图 0-107 所示。

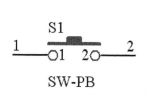

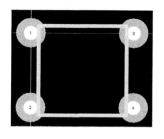

图 0-105　按钮开关原理图符号　　图 0-106　按钮开关封装　　图 0-107　实际 DC 插座

通过测量实际 DC 插座的引脚间距以及轮廓大小,得知 DC 插座封装数据如表 0-10 所示。

表 0-10　DC 插座 JACK 封装数据

所测 DC 插座部位	距离大小约为
长边侧焊盘与宽边最短距离	100 mil
轮廓中间焊盘与宽边侧焊盘间距	200 mil
焊盘直径	70 mil
焊盘孔径	35 mil
元件长方形轮廓长×宽	450 mil×200 mil

在 PCB 元件封装库文件"PCBLIB1.LIB"中新建一个元件封装,重命名为"JACK_1",在绘制过程中注意,因为 DC 插座 JACK 原理图符号的引脚 Number 分别为 1、2、3,原理图中有一个引脚 3 在本项目中没有使用,只使用的是 1、2 引脚,其中 1 是正极端,2 是地端。而绘制 DC 插座封装时,一定要把宽边侧焊盘号 Designator 设置为 1,其余两个焊盘号 Designator 可任意设置为 2、3 都可,因为对应的 2、3 引脚实际上是短接的,最后绘制的 DC 插座 JACK 封装如图 0-108 示。

图 0-108　DC 插座 JACK 封装

（4）MAX1705 元件封装（表面贴元件的封装）

MAX1705 实际元件及其引脚分布如图 0-109 所示,MAX1705 芯片资料上尺寸信息如图 0-110 所示。

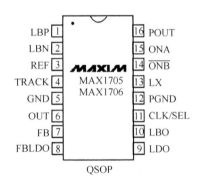

图 0-109　MAX1705 实际元件及其引脚分布

根据图 0-110 所示的有关数据,利用向导方法来绘制 MAX1705 元件封装,打开"PCBLIB1.LIB"文件,进入元件封装库编辑环境,执行菜单命令"Tools → New Component",弹出一个元件创建向导"Component Wizard"框,单击"Next"按钮,系统将弹出选择元件封装样式对话框,这里选择小尺寸封装 SOP(Small Outline Package),选择默认的英制。单击"Next"按钮,在系统弹出的设置焊盘有关尺寸的对话框中填入焊盘宽 15 mil,焊盘长 35 mil。单击"Next"按钮,在该对话框中可以设置焊盘间距,同侧相邻焊盘间距为 25 mil,异侧焊盘间距设置为 205 mil。单击"Next"按钮,弹出画轮廓的线宽为多大的对话框,这里填 10 mil。单击"Next"按钮,在该对话框中设置焊盘数量为 16 个。单击"Next"按钮,取名为"QSOP16",此时再单击"Next"按钮,系统将会弹出完成对话框。单击按钮"Finish",完成后的元件封装只是贴片的焊盘完整,需要补充元件轮廓。于是自己手工在

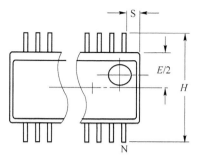

DIM	INCHES		MILLTMETERS	
	MIN	MAX	MIN	MAX
A	.061	.068	1.55	1.73
A1	.004	.0098	0.127	0.25
A2	.055	.061	1.40	1.55
B	.008	.012	0.20	0.31
C	.0075	.0098	0.19	0.25
D	SEE VARIATIONS			
E	.150	.157	3.81	3.99
e	.025	BSC	0.635	BSC
H	.230	.244	5.84	6.20
h	.010	.016	0.25	0.41
L	.016	.035	0.41	0.89
N	SEE VARIATIONS			
S	SEE VARIATIONS			
?	0°	8°	0°	8°

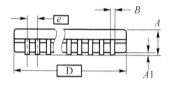

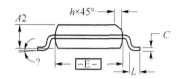

VARIATIONS:

	INCHES		MILLIMETERS		N	
	MIN.	MAX.	MIN.	MAX.		
D	.189	.196	4.80	4.98	16	AA
S	.0020	.0070	0.05	0.18		
D	.337	.344	8.56	8.74	20	AB
S	.0500	.0550	1.27	1.40		
D	.3.37	.344	8.56	8.74	24	AC
S	.0250	.0300	0.64	0.76		
D	.386	.393	9.80	9.98	28	AD
S	0.250	0.300	0.64	0.76		

NOTES:
1. D & E DO NOT INCLUDE MOLD FLASH DR PROTRUSIONS
2. MOLT FLASH OR PROTRUSIONS NOT TO EXCEED .006
3. CONTROLLING DIMENSIONS INCHES

图 0-110　MAX1705 芯片尺寸信息

Top Overlay 层上画出 245 mil×150 mil 的矩形轮廓,轮廓距焊盘距离 10 mil,宽边高出两侧焊盘 35 mil,然后画出识元件引脚序号标志,最后完成的 MAX1705 元件封装如图0-111所示。

常用贴片元件的规格有以下几种:

0402:表示该元件长 0.04 英寸,宽 0.02 英寸。

0603:表示该元件长 0.06 英寸,宽 0.03 英寸。

0805:表示该元件长 0.08 英寸,宽 0.05 英寸。

1005:表示该元件长 0.1 英寸,宽 0.05 英寸。

1206:表示该元件长 0.12 英寸,宽 0.06 英寸。

1210:表示该元件长 0.12 英寸,宽 0.1 英寸。

2. 使用向导创建元件封装

方法 1:新建一个 PCB 元件库,系统自动打开一个新的画面,如图 0-112 所示。

① 单击"Wizards"按钮。就会出现如图 0-113 创建元件封装向导。

方法 2:执行菜单命令 Tools→New Component,或在 PCB 元件库管理器中单击

"Add"按钮。

图 0-111　MAX1705 元件封装　　　　图 0-112　新建 PCB 元件库的界面

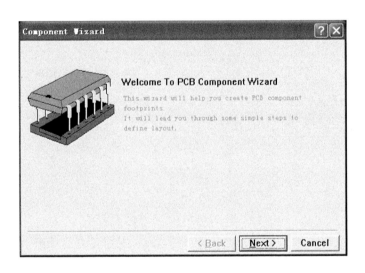

图 0-113　元件封装向导

② 单击"Next"按钮,弹出如图 0-114 所示的元件封装样式列表框。系统提供了 12 种元件封装的样式供设计者选择。

选择 Dual in-line Package(DIP 双列直插封装)。

③ 单击"Next"按钮,弹出如图 0-115 所示的设置焊盘尺寸的对话框。将焊盘直径改为 50 mil,通孔直径改为 32 mil。

④ 单击"Next"按钮,弹出设置引脚间距对话框,如图 0-116 所示。这里设置水平间距为 300 mil,垂直间距为 100 mil。

⑤在图 0-116 中,单击"Next" 按钮,弹出设置元件外形轮廓线宽对话框,如图 0-117 所示。这里设为 10 mil。

⑥ 单击"Next"按钮,弹出设置元件引脚数量的对话框,如图 0-118 所示。这里设置为 8。

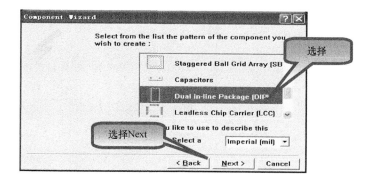

图 0-114　元件封装样式列表框

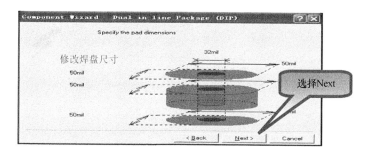

图 0-115　设置焊盘尺寸的对话框

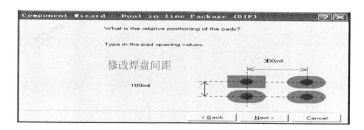

图 0-116　设置引脚间距对话框

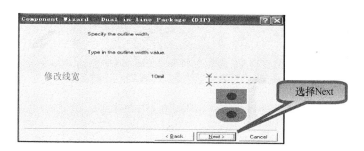

图 0-117　元件外形轮廓线宽设置对话框

⑦ 单击"Next"按钮,弹出如图 0-119 所示,设置元件封装名称对话框。这里设置为 DIP8_2。

⑧ 生成的 DIP8_2 元件封装,如图 0-120 所示。

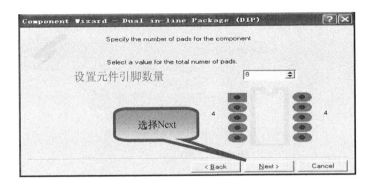

图 0-118　设置元件引脚数量对话框

图 0-119　设置元件封装名称对话框

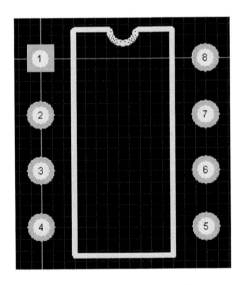

图 0-120　DIP8_2 元件封装

⑨保存。

3. 修改相似元件封装来创建新的元件封装

①复制元件封装库中相似的元件封装

打开"PLJPCB.LIB"文件,进入元件封装库编辑环境。执行菜单命令"Tools→New Component",弹出一个元件创建向导"Component Wizard"框,单击"Cancel"按钮,在元件封装管理器窗口中出现"PCBCOMPONENT_1",改名为"DIP10_1"。在学校实验的实际操作中,为了避免浪费器材,提高器材的再次利用率,通常用 DIP24 等的底座选用 10 个引脚作为八段数码管的底座。其中 DIP24 封装与八段数码管有许多共性,相连焊盘之间距离为 100 mil,两列焊盘之间距离为 600 mil,焊盘的内外径都相同;不同点是八段数码管只有 10 个引脚,外形轮廓比 DIP24 大得多。因此,执行菜单命令"File→Open",在"查找范围"打开"Design Explorer 99 SE/Library/PCB/Generic Footprints/Advpcb.ddb"元件封装库文件包,双击"PCB Footprints.lib"图标,进入元件封装库编辑环境,在"Mask"栏的通配符前输入"DIP24",或移动下面窗口的滑条,找到 DIP24 单击它,在编辑窗口中的 DIP24 元件封装如图 0-121 所示(背景设置为白色)。全选中 DIP24 可以复制到自建元件库"PLJPCB.LIB"中的 DIP10_1 编辑窗口里。

也可以在数据库"MyDesign.ddb"内的"Documents"中新建一个"plj.PCB"的 PCB 编辑文件,打开它进入 PCB 编辑环境,在"Browse PCB"窗口中"Components"框移动移动滑条,找到 DIP24 单击它,单击"Place",按"Tab"键,在 Component 框的属性 Properties 项里的旋转 Rotation 栏填入"90",单击"OK"后,在编辑区放置元件,选择焊盘 1 作为参考点,全选中 DIP24 复制到自建元件库"PLJPCB.LIB"中的 DIP10_1 编辑窗口里,如图0-121所示。

图 0-121　从 PCB 编辑区复制来的 DIP24

② 修改元件封装符号

第一步:修改封装轮廓。设置参考点,执行菜单命令"Edit→Set Reference"选择"Location",单击引脚 1,观察状态的 X、Y 坐标。根据数码管的轮廓大小 780 mil×520 mil 调整边框线,启动拖拉命令,执行菜单命令"Edit →Move→Drag",光标上出现一个十字架,光标移到导线上单击左键,导线立即粘在光标上,随着光标平移。拖动右边的竖线,观察状态栏,使坐标 X 为 460 mil,同样拖动左边竖线使之坐标 X 为−60 mil,拖动下边横线使之坐标 Y 为−90 mil,拖动上边横线使之坐标 Y 为 690 mil,最后拖动半圆环至两竖线相连。如果操作过程中很难拖动到这样的坐标,可以设置捕获网格,则执行菜单命令"Tools→Library…",在 Options 选项中的 Snap X 和 Snap X 栏填入 10 mil,或单击主工具栏上的 ⊞ 按钮,将 Snap 栏改为 10 mil。改变封装轮廓后如图 0-122 所示。执行菜单命令"Reports Measure Distance"对修改的元件封装轮廓进行距离检查。

第二步:修改焊盘。数码管元件只用轮廓内的 10 个焊盘,删去轮廓外多余的 10 个焊盘。对上面 5 个"20—24 号"焊盘逐一双击左键,进行属性修改,主要是修改焊盘的序号,使之序号相应变为"6—10",在属性栏中单击"Global"按钮,进行全局修改,将全部焊盘外径改为 65 mil。创建好的数码管元件封装如图 0-123 所示,单击保存按钮。

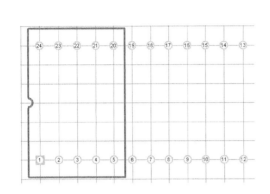

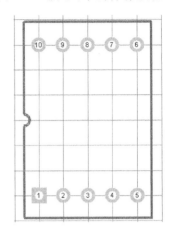

图 0-122　修改后的元件封装轮廓　　　　图 0-123　创建好的数码管元件封装

　　复制元件封装的技巧:PCB 中的元件封装不仅可以直接复制到元件封装编辑环境,也可以从元件封装库编辑环境进行复制。复制时通常采用前者,快捷一些。

0.5.2　在同一设计数据库中使用自己创建的元件封装

1. 直接放置到 PCB 文件中

　　在同一设计数据库中新建或打开一个 PCB 文件,再将界面切换到自己创建的元件封装库界面,找到自己创建的元件封装,单击 Browse PCBLib 选项卡中的"Place"按钮,该元件就被放到了新建或打开的 PCB 文件中。若没有新建或打开 PCB 文件,则系统会新建一个 PCB 文件,将元件放置其中。

2. 在自动布局过程中使用

　　想在自动布局中使用自己创建的元件封装,最为关键的一步就是一定要在画原理图时,就将该元件的 Footprint(封装形式)属性中填入自己创建的元件封装名。注意:①原理图文件、自建的元件封装所在的元件封装库与新建的 PCB 文件应在同一个设计数据库下,否则,需要在 PCB 文件界面加载自建的元件封装库;②原理图中该元件的 Footprint(封装形式)属性正确填入自己创建的元件封装名,否则,加载网络表时就会出错。

　　步骤:(1)打开原理图文件,将元件封装 Footprint(封装形式)属性中填入正确的元件封装名,特别强调其中某个或某些元件使用自己创建的元件封装名。

　　(2)生成网络表文件。

　　(3)打开自建的元件封装库。

　　(4)新建 PCB 文件。加载网络表文件 Design→Load Nets。将元件封装自动放置到 PCB 文件中。接下来就可以自动布局和自动布线了。

0.5.3 在不同设计数据库中使用自己创建的元件封装

1. 直接放置到 PCB 文件中

方法:① 新建或者打开另外一个设计数据库,在其中新建或打开一个 PCB 文件。

② 将自己创建的元件封装库打开。

③ 回到新建或打开一个 PCB 文件界面,自己创建的元件封装,单击菜单 Place→Component 或者在英文状态下连续点击键盘 PC,或者点击 Place Tools 工具栏中的█图标,在弹出的 Place Component 对话框中将 Footprint 输入自己创建的元件封装名(该文件名一定在自己创建的元件封装库中),在 Designator 中输入元件符号,在 Comment 中输入元件注释,单击"OK"按钮,将元件拖到合适的位置,单击左键开始放置,该元件就被放到了新建或打开的 PCB 文件中。

2. 在自动布局过程中使用

想在自动布局中使用自己创建的元件封装,最为关键的一步就是一定要在画原理图时,就将该元件的 Footprint(封装形式)属性中填入自己创建的元件封装名。注意:①自建的元件封装所在的元件封装库与新建的 PCB 文件不在同一个设计数据库下;② 需要在 PCB 文件界面加载自建的元件封装库(含有自建的元件封装名);③原理图中该元件的 Footprint(封装形式)属性正确填入自己创建的元件封装名,否则,加载网络表时就会出错。

步骤:(1)打开原理图文件,将元件封装 Footprint(封装形式)属性中填入正确的元件封装名,特别强调其中某个或某些元件使用自己创建的元件封装名。

(2)生成网络表文件。

(3)加载自建的元件封装库。

(4)新建 PCB 文件。加载网络表文件 Design→Load Nets。将元件封装自动放置到 PCB 文件中。接下来就可以自动布局和自动布线了。

0.5.4 常用元件封装及所在的元件封装库

表 0-10 常用元件封装及所在的元件封装库

名称	元件封装	元件封装名(Footprint)	元件封装库
电阻		AXIAL0.4	Advpcb.ddb
无极性电容		RAD0.1	Advpcb.ddb
电解电容		RB.2/.4	Advpcb.ddb

名称	元件封装	元件封装名(Footprint)	元件封装库
二极管		DIODE0.4	Advpcb.ddb
三极管		TO-92B	Advpcb.ddb
		TO92B	Transistors.ddb
		TO-220	Advpcb.ddb
		TO-66	Advpcb.ddb
可变电阻		VR5	Advpcb.ddb
		VR4	Advpcb.ddb
		VR1	Advpcb.ddb
九针连接器		DB9/F	Advpcb.ddb
		DB9/M	
双列直插式		DIP4	Advpcb.ddb

名称	元件封装	元件封装名（Footprint）	元件封装库
单列直插式		SIP4	Advpcb. ddb
排针		HDR1X6	Headers. ddb
		HDR1X6HA	Headers. ddb
整流桥		D-37	International Rectifiers. ddb
		D-37R	
		D-46	
		D-70	
表面贴		0402	Advpcb. ddb
		MO-00310	Advpcb. ddb
		LCC16	Advpcb. ddb
水晶插头		BU_TEL6H	Miscellaneous Connectors. ddb

基础项目 0.6　工艺文件的编写

工 艺 文 件

第 1 册
共 1 册
共 8 页

文件类别:"秒脉冲发生器的设计及制作"项目工艺文件
文件名称:
产品名称:秒脉冲发生器的设计与制作
产品图号:
本册内容:秒脉冲发生器的设计与制作产品的工艺文件

批准:

2012 年 1 月 20 日

工艺文件目录		产品名称	
		秒脉冲发生器的设计与制作	
序号	工 艺 文 件 名 称	页 号	备 注
1	封面	1	
2	目录	2	
3	工艺流程图	3	
4	元器件汇总表	4、5	
5	PCB 装配图	6	
6	线缆连接图（表）	7	
7	仪器仪表明细表	8	
8	产品调试记录	9	

工艺流程图	产品名称
	秒脉冲发生器的设计与制作

工艺流程图

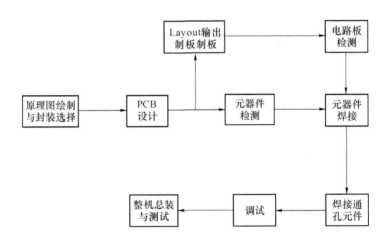

元 器 件 汇 总 表		产品名称		
		秒脉冲发生器的设计与制作		
序号	元器件类型	元器件参数	数 量	备 注
1	瓷片电容	$0.1\,\mu\mathrm{F}$	1	
2	电解电容	$100\,\mu\mathrm{F}/25\,\mathrm{V}$	1	
3	集成电路	NE555	1	
4	1/4W 电阻	$10\,\mathrm{k}\Omega$	1	
5	1/4W 电阻	$5\,\mathrm{k}\Omega$	2	
6	单排插针	4 针	1	
7	发光二极管	LED	1	
8				
9				
10				
11				
12				
13				
14				
15				
16				
17				
18				
19				
20				
21				
22				
23				
24				
25				

PCB 图	产品名称
	秒脉冲发生器的设计与制作

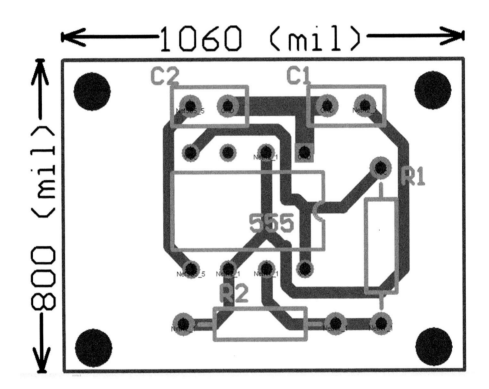

1. ＋5 V 电源与地之间间隔大于 20 mil，以免电源短路或焊接时造成短路。

2. NE555 引脚 1、2 之间和 3、4 之间的走线宽度为 10 mil，且在引脚间正中间位置走线，保证焊盘边缘与走线边缘之间的距离不小于 10 mil。

连接图	产品名称
	秒脉冲发生器的设计与制作

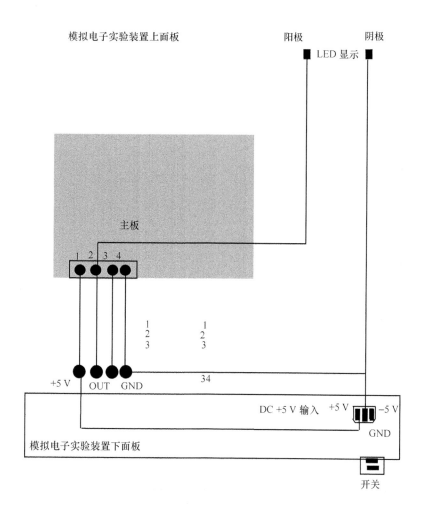

仪器仪表明细表			产品名称	
			秒脉冲发生器的设计与制作	
序号	型号	名称	数量	备注
1	KHM-3 型	模拟电子实验装置	1	
2	DS1052E	数字示波器	1	
3	DT 910A	数字万用表	1	
4	联想	台式计算机	1	
5	工业小型制板系统	打印机、感光机、阻焊机、钻孔机等	1	
6				

调 试 记 录	产品名称
	秒脉冲发生器的设计与制作

1. 焊接好电路后,接通电源前,首先用万用表的电阻档测量电源两端的阻值,其阻值很大,可断定没有短路。

2. 将输出接入发光二极管 LED 与 510 欧姆电阻电路,＋5 V 电源接入电路,并通电。观察发光二极管,如果每秒发光二极管亮一次,说明电路已经正常工作,电路连接正确。

实训项目 1　单片机跑马灯电路设计

 项目描述

　　该项目有两个任务:任务一是利用 Protel 99SE 软件对电路原理图绘制环境进行设置,加载所需的元件库,使用原理图绘图工具绘制电路原理图;任务二是根据已绘制完成的原理图放置所需的元件封装,使用绘制 PCB 图的基本工具绘制相应的单面印制线路板图。

 项目目的

　　1. 熟悉 Protel99 SE 原理图绘制环境。
　　2. 掌握在原理图中加载元件库或移去元件库的方法;利用原理图的基本绘制工具绘制原理图,学会放置元件、编辑元件、移动元件、旋转元件、选中元件、取消选中、删除元件等操作。
　　3. 能根据要求规划电路板。
　　4. 根据已绘制完成的原理图,熟练使用绘制 PCB 图的基本工具,手工绘制相应的单面印制线路板图。

 仪器设备

　　计算机、WINDOWS98/2000/XP 环境、PROTEL 99 SE 软件。

 项目内容

任务 1.1　绘制原理图

【要求】

　　1. 新建"单片机跑马灯电路.sch"原理图文件。
　　2. 按照一般要求,对 Protel 99SE 的电路原理图绘制环境进行设置,并设置图纸尺寸为 A4,图纸方向为横向。标题栏选用标准格式,标题为"单片机跑马灯电路原理图",设计者为"木丁"。

3. 加载元件库 Protel DOS Schematic Libraries。

4. 会根据需要放置元件、编辑元件、移动元件、旋转元件、选中元件、取消选中、删除元件。

5. 使用绘图工具,按照图 1-1 电路绘制电路原理图。

6. 导出原理图文件到指定的文件夹下。

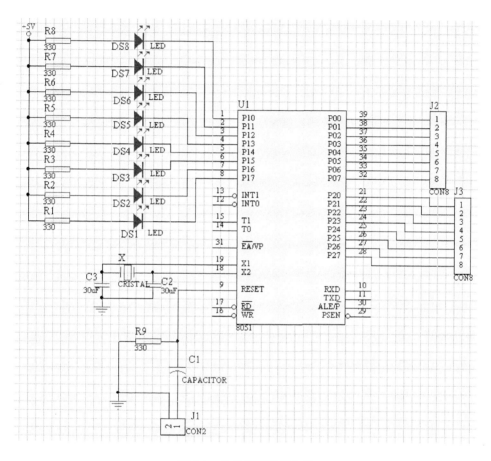

图 1-1　单片机跑马灯电路

表 1-1　单片机跑马灯元件属性列

元件名称（在元件库中）(Lib Ref)	元件序号(Designator)	元件标注(Part)	元件所属 SCH 库
CAPACITOR	C1	10 μF	Miscellaneous Devices. ddb
CAP	C2、C3	30 μF	Miscellaneous Devices. ddb
CRYSTAL	X	CRYSTAL	Miscellaneous Devices. ddb
8051	U1	8051	Protel DOS Schematic Libraries
DIODE	DS1～DS8	LED	Miscellaneous Devices. ddb
RES2	R1～R9	330	Miscellaneous Devices. ddb
CON2	J1	CON2	Miscellaneous Devices. ddb
CON8	J2、J3	CON8	Miscellaneous Devices. ddb

【实施】

操作步骤：

1. 新建数据库文件"MyDesign. ddb"文件,在其中的 Document 下,创建"单片机跑马灯电路. sch"。

2. 执行菜单命令 Design→Options,设置图纸。

3. 加载元件库 Protel DOS Schematic Libraries。

4. 参考表 1-1,放置图 1-1 所需的元件,编辑元件、移动元件、旋转元件、删除元件、元件会选中及取消。

5. 绘制原理图。

6. 导出原理图到 F 盘"电路设计"文件夹下,命名为"单片机跑马灯. sch"。

考核标准：

1. 按照要求在计算机上新建数据库文件及原理图文件,按要求命名。（10 分）

2. 按要求设置图纸大小、方向及标题栏。（20 分）

3. 按照图 1.1,正确放置元件、编辑元件及移动元件、旋转元件、删除多余元件。（40 分）

4. 正确放置电源、地。（10 分）

5. 正确连线。（20 分）

实训报告书写：

1. 在报告上写出完成任务要求所需的步骤。

2. 写出在原理图中加载元件库或移去元件库的方法。

3. 写出放置元件及编辑元件、移动元件、旋转元件及删除元件的方法。

4. 打印已经绘制完成的电路原理图。

【所需知识】

知识 1　新建原理图文件

1. 双击 Protel 99 SE 图标,启动 Protel 99 SE,用鼠标左键单击 File→New,新建数据库文件"MyDesign. ddb"文件。

2. 双击"MyDesign. ddb"文件下的 Document,用鼠标左键单击 File→New,或在工作窗口空白处单击鼠标右键,在弹出的快捷菜单中选择 New。在新建文件对话框中选择原理图文件类型图标 后,单击"OK"按钮 。新建原理图文件"单片机跑马灯电路. sch",进入原理图编辑界面。

知识 2　图纸设置

1. 进入图纸设置对话框（Document Options 对话框）：执行菜单命令 Design→Options,设置图纸。

2. 图纸方向为横向：Orientation 选择 Landscape。

3. 图纸尺寸为 A4：Standard Style 选择 A4。

4. 标题栏选用标准格式：就是将 Title Block 选择为 Standard,即标题栏选为标准格式。

5. 标题为"单片机跑马灯电路原理图",设计者为"木丁":将鼠标左键在图 1-2 所示的右下角单击一下,按 PgUp 将图像放大,按 PgDn 图像缩小,当放大缩小到合适位置时,单击画图工具栏 Drawing Tools 中的图标 **T**,按 Tab 键或者放下该文本后再双击该文本,同样会进入文本内容编辑属性对话框,按要求输入"单片机跑马灯电路原理图"即可,同样方法放置"木丁"。

Title			
	单片机跑马灯		
Size	Number		Revision
B			
Date:	20-Dec-2011	Sheet of	
File:	F:\MyDesign.ddb	Drawn By:	木丁

图 1-2　标题栏设置对话框

打开、关闭画图工具栏的技巧:如果画图工具栏 Drawing Tools 没有出现,就用鼠标左键单击菜单 View→Toolbars→Drawing Tools。如图 1-3 所示,打开或关闭画图工具栏(Drawing Tools 工具栏)。如果原来该工具栏打开了,再单击 View→Toolbars→Drawing Tools,画图工具栏就会消失。

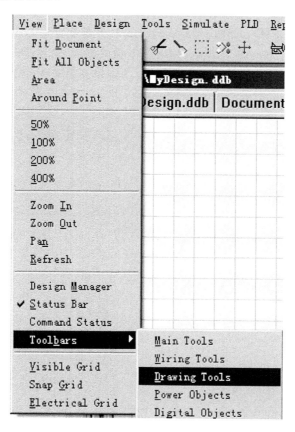

图 1-3　打开或关闭画图工具栏(Drawing Tools 工具栏)

知识 3　加载元器件库、移去元件库

1. 加载元件库

单击主工具栏中的![icon]图标；或者打开（或新建）一个原理图文件，单击 Browse Sch 选项卡 Browse 下拉式列表，选中 Library 后，单击"Add/Remove"按钮；或者打开（或新建）一个原理图文件，单击菜单"Design→Add/Remove"，弹出 Change Library File List 后，查找范围 C/Program Files/Design Explorer 99SE/Library/sch 文件下，单击要加载的元件库，再单击"OK"按钮，或者双击要加载的数据库，都可以加载元件库。

2. 移去元件库

在同上述加载元件库时，单击相同的按钮或菜单，弹出 Change Library File List 后，在 Selected Files（已被选择的文件）区下方，双击要移去的元件库；或者单击该元件库，该文件库变成蓝色，再单击下方的"Remove"按钮，同样可以移去该被单击的元件库。

知识 4　放置元器件、编辑元件属性及调整元件位置

1. 按照任务一，新建原理图文件"单片机跑马灯电路.sch"，进入原理图编辑界面。

2. 加载所需的元件库。

3. 放置元器件、设置元器件、调整元件位置。

【放置元器件】根据单片机跑马灯电路的组成情况，表 1-1 给出了该电路每个元件在元件库中的名称（Lib Ref）、元件序号（Designator）、元件标注（Part）及所属元件库。在屏幕左边的元件管理器 Browse PCB 中 Browse 下拉式列表，选中 Library 后。在 Filter 元件过滤区找到相应元件，双击该元件，移动到屏幕编辑区的某个位置，单击鼠标左键即可。或者单击 Wiring Tools 工具栏中的![icon]图标，输入元件在元器件库中的名称，移动到屏幕编辑区的某个位置，单击鼠标左键即可。

【编辑元件属性】在元件放置后，用鼠标双击相应元件出现元件属性菜单更改元件序号（Designator）、注释（型号规格）（Comment）及元件封装形式（Footprint）。

【调整元件位置】用鼠标左键点击元件不放手，然后拖到合适位置放好，松开手，该元件调整完毕，注意布局合理。

知识 5　放置输入/输出点及电源、接地符号

放置输入/输出点、电源、地，均使用 Power Objects 工具栏，单击![icon]后，更改属性。若将属性 Net 栏中输入 GND 属性 Style 栏中输入 Power Ground，就会放置地；如果属性 Net 栏中输入+5 V 属性 Style 栏中输入 Circle，就会放置+5 V 电源。如图 1-4 所示。

打开、关闭电源工具栏技巧：如图 1-3 所示，如果 Power Objects 工具栏没有出现，就用鼠标左键单击菜单 View→Toolbars→Power Objects。打开或关闭 Power Objects，如果原来该工具栏打开了，再单击 View→Toolbars→Power Objects，该工具栏就会消失。

知识 6　放置节点、注释文字

【放置节点】单击 Wiring Tools 工具栏中的![icon]图标，放在需要相交的地方。一般情况下，"T"字连接处的节点是在我们连线时由系统自动放置的（相关设置应有效），而所有"十"字连接处的节点必须手动放置。

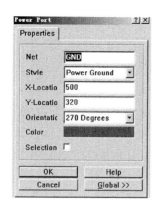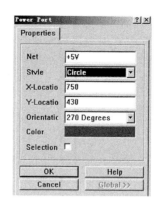

图 1-4 放置＋5 V 电源和地

【放置注释文字】放置 Drawing Tools 中的图标 **T**，然后再修改其属性。

知识 7 元件的选中与取消选中

【元件选中】先将要选中的这些元件在区域外的左上角用鼠标左键点一下，左键不松开，继续拖动鼠标左键到右下角，当要选择的这些元件均在该虚线区域内时放手，则这些在虚线框内的元件被选中，被选中的元件呈黄色。

【取消选中】单击主工具栏上的 图标，被选中的元件恢复到原来没被选中的状态。

知识 8 元件移动及旋转

移动单个元件的方法：用鼠标左键点击要移动的元件不放手，移动到某个位置后就可以放手。

某些元件一起移动的方法：首先，将要移动的这些元件选中；然后，用鼠标左键单击某个元件不放手，移动到某个位置后就可以放手。则这些选中的元件就会跟随一起移动。

旋转某个元件：旋转必须在输入法为英文状态下，在某个要移动的元件上按住鼠标左键，同时再按空格键就会逆时针旋转 90°；若按 X 键就会按照横向旋转；若按 Y 键，就会按照纵向方向旋转。

某些元件一起旋转的方法：旋转必须在输入法为英文状态下，将要移动的这些元件，先选中，然后用鼠标左键在被选中的某个元件上按住不放，再按空格键就会使被选中的元件逆时针旋转 90°；若按 X 键就会按照横向旋转；若按 Y 键，就会按照纵向方向旋转。

知识 9 元件删除

删除单个元件的方法：在输入法为英文状态下，连续按 E 键 、D 键。或者单击菜单 Edit→Delete。当光标变为"十"字时，点击哪个元件，哪个元件就被删除。

删除某些元件的方法：将要删除的这些元件选中，然后单击主工具栏上的 图标，这些被选中的元件就会被集体删除。

知识 10 绘制导线

单击 Wiring Tools 工具栏中的 图标，光标变成十字形。在导线的起点和终点处分别单击鼠标左键确定两个端点。然后单击鼠标右键，则完成了一段导线的绘制。如果画线工具栏 Wiring Tools 没有出现,同调出 Power Objects 工具栏的方法一致。

注意:一定不要放置画图工具栏 Drawing Tools 中／线,该线没有任何电气意义,只是在自制元件符号时,用来绘制元件符号,仅此而已。

知识 11   导出原理图文件

在该原理图文件下,先单击主工具栏中的磁盘标志,然后,选择左边的窗口为 Explorer 工作窗口,在要导出文件(变成灰色的原理图文件)的图标上单击右键,选择"Export"命令,就可以导出到所需要的文件夹下。注意扩展名不能改变,必须是 sch(代表原理图文件)。

任务 1.2   绘制单面 PCB 图

【要求】

1. 新建 PCB 文件"单片机跑马灯.pcb"。

2. 规划电路板,板的尺寸为 2 360 mil×2 350 mil。

3. +5 V 电源线宽为 40 mil,GND 线宽为 40 mil,其他信号线宽为 25 mil。

4. 使用 PCB 绘图工具,按照给定的电路原理图将单片机跑马灯电路绘制成单面 PCB 图。

5. 将绘制好的 PCB 文件导出到 F 盘"电路设计"文件夹下,命名为"单片机跑马灯.pcb"。

操作步骤:

1. 在数据库文件"MyDesign.ddb"文件的 Document 下,创建"单片机跑马灯电路.pcb"。

2. 规划电路板:将当前工作层选为 Keepoutlayer,按照板长 2 360 mil,板宽 2 350 mil,利用 Placement Tools 工具栏中的〜画线工具定义一矩形轮廓。如果不合适,布局好后还可以根据实际情况进行调整。

3. 设置当前原点:执行菜单命令 Edit/Origin/Set。移动光标至要设为原点的坐标位置,单击鼠标左键将该坐标点设为当前原点。

4. 根据电路原理图中所需元件的实际封装加载元件封装库。

5. 放置元件封装,编辑元件封装。元件放置要遵循就近原则。

6. 利用 Placement Tools 工具栏中的〜画线工具,绘制信号线、电源线及地线,根据任务要求调整线宽。

7. 将绘制好的 PCB 文件导出到 F 盘"电路设计"文件夹下,命名为"单片机跑马灯.pcb"。

考核标准:

1. 按照要求在计算机上新建 PCB 文件,新建的位置一定要在 Documents 文件下,命

名符合要求。(10 分)

2. 规划电路板电气边界所在的层 Keepoutlayers 选择正确,板的尺寸大小符合要求。(10 分)

3. 正确放置元件封装、编辑及移动、旋转元件封装,元件布局合理。(40 分)

4. 正确布线。(40 分)

实训报告书写:

1. 在报告上写出完成任务要求所需的步骤。

2. 写出如何加载或移去元件库。

3. 如何放置电阻、电容元件封装? 注意电阻、电容等元件在原理图中的名称与在 PCB 中元件名不一致。

4. 打印已经绘制完成的电路板图。

【所需知识】

知识 1　新建 PCB 文件

在新建的设计数据库文件中,新建 PCB 文件同新建原理图文件的方法一样,双击 "Document"图标,在空白处单击左键,出现下拉式菜单,单击"New";或用鼠标左键单击菜单 File/New,就会出现如图 1-5 所示的对话框。

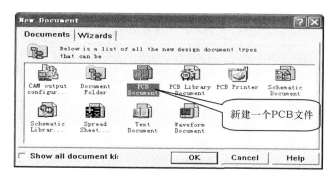

图 1-5　新建 PCB 文件对话框

知识 2　规划电路板

1. 绘制电路板物理边界

物理边界就是电路板最终的边界。将当前层切换到机械层 Mechanical1,按要求电路板大小为长 2 360 mil,宽 2 350 mil,绘制电路板边框。单击画线工具,绘制导线,该导线围成的形状就是电路板的形状,该导线围成的大小就是电路板的大小。

2. 绘制电路板电气边界

电气边界是指在电路板上设置的元件布局和布线的范围。在禁止布线层 Keepout Layer 绘制电路板的电气边界。方法同物理边界,物理边界大于或等于电气边界。

知识 3　加载元件封装库

加载方法同在原理图中加载元件符号库的方法。提醒注意:一定要在 PCB 界面上加载 PCB 库,该 PCB 图所需要的元件封装库为 Advpcb.ddb,Header.lib 如图 1-6 所示。

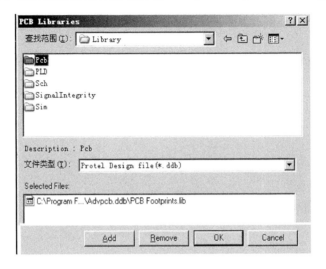

图 1-6 加载 PCB 库

知识 4 元件布局

1. 放置元件及编辑元件属性

按照表 1-2 中元件封装名,在屏幕左边的元件管理器 Browse PCB 中 Browse 下拉式列表,选中 Library 后。在 Components 元件区找到相应元件,双击该元件,移动到屏幕编辑区的某个位置,单击鼠标左键即可。或者单击 Placement Tools 工具栏中的 图标,输入元件在元件封装库中的元件封装名称。移动到屏幕编辑区的某个位置,单击鼠标左键即可。按照表 1-2 元件属性列表,对元件进行相应的编辑。

表 1-2 元件属性列表

元件封装名(Footprint)	元件序号(Designator)	元件标注(Comment)	元件所属 PCB 库
RAD0.2	C1	10 μF	Advpcb.ddb
RAD0.2	C2、C3	30 μF	Advpcb.ddb
XTAL1	X	CRYSTAL	Advpcb.ddb
DIP40	U1	8051	Advpcb.ddb
TO-220H	DS1~DS8	LED	Advpcb.ddb
AXIAL0.4	R1~R9	330	Advpcb.ddb
HDR1X2	J1	CON2	Headers.lib
HDR1X8	J2、J3	CON8	Headers.lib

2. 元件移动及旋转

用鼠标左键单击要移动的元件不放手,移动到某个位置后就可以放手。旋转必须在输入法为英文状态下,在某个要移动的元件上按住鼠标左键,同时再按空格键就会逆时针旋转 90°;若按 X 键就会按照横向旋转;若按 Y 键,就会按照纵向方向旋转。

知识链接：元件布局的规则

A. 遵照"先大后小，先难后易"的布置原则，即重要的单元电路、核心元器件应当优先布局。如单片机 8051 是核心元件应先放置。

B. 布局中应参考原理图，根据主信号流向规律安排主要元器件。图 1-6 就是采用这种原则布局的。

C. 布局应尽量满足以下要求：总的连线尽可能短，关键信号线最短；即就近原则。

D. 相同结构电路部分，尽可能采用"对称式"标准布局。

E. 按照均匀分布、重心平衡、版面美观的标准优化布局，如 R1～R8 八个电阻，DS1～DS8 八个发光二级管。

知识 5　布线

1. 线宽的设定

单击绘制覆铜线图标后，在要绘制覆铜线的某一点用鼠标左键点一下，然后按 Tab 键，修改线宽。以后绘制的覆铜线就会遵循这样的线宽。如果下一段线宽还有改动，同样按照这种修改线宽的方法。这里信号线宽设置为 25 mil，+5 V 电源线和地线设置为 40 mil。为了使图中铜膜走线清晰，将图中背景颜色改为白色，Topoverlayer 层改为黑色。PadHole 颜色改为灰色。如图 1-7 所示。

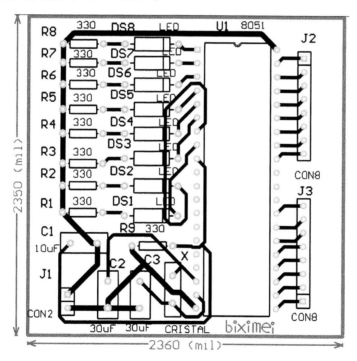

图 1-7　"单片机跑马灯电路.pcb"布线结果

2. 手动布线的方法

由于该电路板采用单层板。首先，在 pcb 编辑区下方单击 BottomLayer（底层），然后,单击 Placement Tools 工具栏中的 图标或者 图标,同原理图中绘制导线的方法一样,绘制铜线。

 知识链接:布线的规则

A. 走线的开环检查规则:

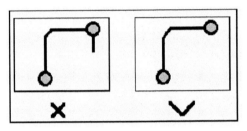

一般不允许出现一端浮空的布线(Dangling Line),主要是为了避免产生"天线效应",减少不必要的干扰辐射和接受,否则可能带来不可预知的结果。

B. 阻抗匹配检查规则

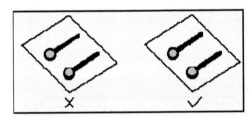

同一网络的布线宽度应保持一致,线宽的变化会造成线路特性阻抗的不均匀,当传输的速度较高时会产生反射,在设计中应该尽量避免这种情况。在某些条件下,如接插件引出线,BGA 封装的引出线类似的结构时,可能无法避免线宽的变化,应该尽量减少中间不一致部分的有效长度。

C. 走线长度控制规则

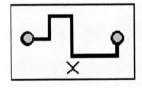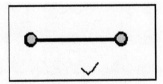

即短线规则,在设计时应该尽量让布线长度尽量短,以减少由于走线过长带来的干扰问题,特别是一些重要信号线,如时钟线,务必将其振荡器放在离器件很近的地方。对驱动多个器件的情况,应根据具体情况决定采用何种网络拓扑结构。

D. 倒角规则

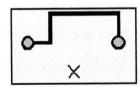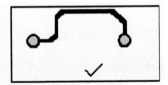

PCB 设计中应避免产生锐角和直角。

知识 6   3D 显示

在"单片机跑马灯电路.pcb"文件下,单击主工具栏上的图标 ,就会出现如图 1-8 所示,3D 显示关于边界对话框,单击"OK"按钮,就会进入如图 1-9 所示的"单片机跑马灯电路.pcb"元件布局 3D 结果。

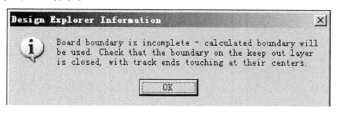

图 1-8   3D 显示关于边界对话框

单击窗口左侧的 Browse PCB 3D 按钮,就会在下方出现如图 1-10 所示的翻转顶层与底层的图标,用鼠标左键按住该图标翻转,就会出现如图 1-11 所示的"单片机跑马灯电路.pcb"元件布线 3D 元件接线图。

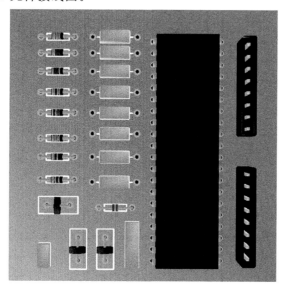

图 1-9   "单片机跑马灯电路.pcb"3D 正面元件布局图

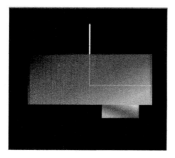

图 1-10   翻转顶层与底层

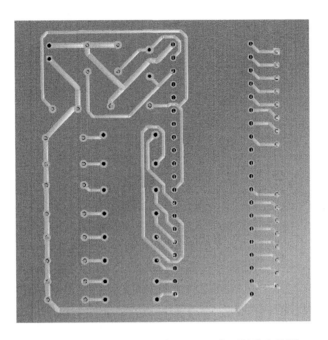

图 1-11 单片机跑马灯电路. pcb"3D 背面铜膜走线图

知识 7 导出 PCB 文件

先单击主工具栏中的磁盘标志,然后选择左边的窗口为 Explorer 工作窗口,在要导出文件(变成灰色的原理图文件)的图标上单击右键,选择 Export 命令,就可以将现在的 PCB 文件导出到所需要的文件夹下。注意扩展名不能改变,必须是 pcb(代表电路板文件)。

 项目习题

习题 1.1 单管放大器电路设计

任务一、新建"单管放大电路. sch"。根据题 1.1 图绘制单管放大电路原理图。并根据元件属性列表编辑元件属性。元件属性列表如题 1.1 表所示。

题 1.1 表 元件属性列表

元件名称 (Lib Ref)	序号 (Designator)	注释	元件所在的库	元件封装 Footprint	元件封装 所在的库
NPN	Q1	2N222	Miscellaneous Devices. ddb	To-92B	Advpcb. ddb
RES2	R1	30 kΩ	Miscellaneous Devices. ddb	Axial0. 3	Advpcb. ddb
RES2	R2	15 KΩ	Miscellaneous Devices. ddb	Axial0. 3	Advpcb. ddb
RES2	R3	5 KΩ	Miscellaneous Devices. ddb	Axial0. 3	Advpcb. ddb
RES2	R4	5 KΩ	Miscellaneous Devices. ddb	Axial0. 3	Advpcb. ddb

元件名称 （Lib Ref）	序号 （Designator）	注释	元件所在的库	元件封装 Footprint	元件封装 所在的库
ELECTRO1	C1	10 μF	Miscellaneous Devices. ddb	RB. 2/. 4	Advpcb. ddb
ELECTRO1	C2	10 μF	Miscellaneous Devices. ddb	RB. 2/. 4	Advpcb. ddb
CON2	J1	CON2	Miscellaneous Devices. ddb	HDR1X2	Headers. lib
CON2	J2	CON2	Miscellaneous Devices. ddb	HDR1X2	Headers. lib
CON2	J3	CON2	Miscellaneous Devices. ddb	HDR1X2	Headers. lib

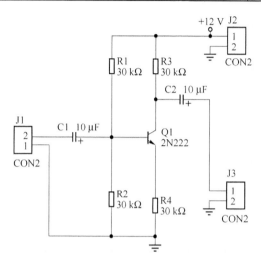

题 1.1 图(a)　单管放大电路原理图

任务二　1. 新建"单管放大电路. pcb"。

2. 单层布线。

3. 电源和地的线宽为 60 mil，其他网络的线宽为 30 mil。

4. 电气边界长为 2 000 mil，宽为 1 260 mil。

5. 根据题 1.1 图单管放大电路原理图、题 1.1 表元件属性列表放置元件封装。

6. 手工绘制相应的单面 PCB 图，注意线宽要求。

题 1.1 图单管放大电路 PCB 图参考如下，为了使图中铜膜走线清晰，将图中背景颜色改为白色，Topoverlayer 层改为棕色，Bottomlayer 层改为黑色，Pad Hole 颜色改为灰色。

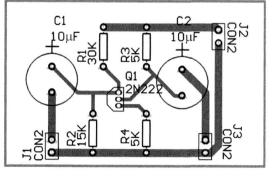

题 1.1 图(b)　单管放大电路 PCB 图

习题 1.2 反相放大器电路设计

任务一、新建"反向放大器电路.sch"。根据题 1.2 图绘制反向放大电路原理图。并根据元件属性列表编辑元件属性。元件属性列表如题 1.2 表所示。

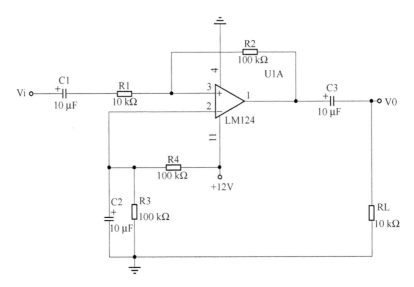

题 1.2 图 反相放大器原理图

题 1.2 表 元件属性列表

元件名称	元件标号	元件所在元件库 SCH 库	元件封装	元件所属 PCB 库
RES2	R1、R2、R3、R4、RL	Miscellaneous Devices. ddb	AXIAL0. 4	Advpcb. ddb
ELECTRO1	C1、C2、C3	Miscellaneous Devices. ddb	RAD0. 1	Advpcb. ddb
LM324	U1	Sim. ddb	DIP14	Advpcb. ddb

任务二、1. 新建"反向放大电路.pcb"。

2. 单层布线。

3. 电源和地的线宽为 50 mil,信号线宽为 30 mil。

4. 电气边界长为 2 000 mil,宽为 1 260 mil。

5. 根据题 1.1 图单管放大电路原理图、题 1.1 图表元件属性列表放置元件,编辑元件。

6. 手工绘制相应的单面 PCB 图,注意线宽要求。

习题 1.3 两级阻容耦合三极管放大电路设计

任务一、绘制两级阻容耦合三极管放大电路原理图。如题图 1.3 所示。参考题 1.3 表。

要求:

1. 启动 Protel 99 SE,新建文件"两级阻容耦合三极管放大电路.sch",进入原理图编辑界面。

2. 设置图纸。将图号设置为 A_4 即可。

3. 放置元件。根据两级阻容耦合三极管放大电路如题 1.3 图的组成情况,在屏幕左方的元件管理器中取相应元件,并放置于屏幕编辑区。设置元件属性。在元件放置后,用鼠标双击相应元件出现元件属性菜单更改元件标号及名称(型号规格)。

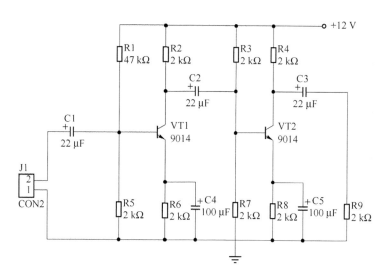

题 1.3 图　两级阻容耦合三极管放大电路原理图

4. 调整元件位置,注意布局合理。

5. 放置节点。一般情况下,"T"字连接处的节点是在我们连线时由系统自动放置的(相关设置应有效),而所有"十"字连接处的节点必须手动放置。

6. 放置输入/输出点、电源、地,均使用 Power Objects 工具菜单即可画出。

7. 放置电源符号并修改其属性,在 Net 栏输入"＋12V",下方选择 Circle(圈)。放置接地符号并修改其属性,在 Net 栏输入"GND",下方 Power Ground(电源地)。

8. 连线。根据电路原理,在元件引脚之间连线。注意连线平直。

9. 电路的修饰及整理。在电路绘制基本完成以后,还需进行相关整理,使其更加规范整洁。

任务二、手工绘制两级阻容耦合三极管放大电路 PCB 单面板图。

1. 启动 Protel 99 SE,新建 pcb 文件"两级阻容耦合三极管放大电路.PCB",进入 PCB 图编辑界面。

2. 手动规划电路板尺寸。

3. 装入制作 PCB 时所需的元件封装库,如 Advpcb.ddb、Headers.lib 等。

4. 放置元件封装及其他一些实体,并设置元件属性、调整元件位置。题 1.3 表给出了该电路所需元件的封装形式、标号及所属元件库数据。

5. 按照题 1.3 图手工绘制两级阻容耦合三极管放大电路电路板图。

题 1.3 图表　元件属性列表

元件名 (Lib Ref)	元件标号 (Designator)	元件标注 (Part Type)	元件库	元件封装 (Footprint)	元件封装库
NPN	VT1	9014		TO-92B	
NPN	VT2	9014		TO-92B	
RES2	R1	47K		AXIAL0.3	
RES2	R2、R3 、R4、R5、 R6、R7、R8、R9	2 KΩ	Miscellaneous Devices. Ddb	AXIAL0.3	Advpcb. ddb
ELECTRO1	C1、C2、C3	22 μF		RB. 2/. 4	
ELECTRO1	C4、C5	100 μF		RB. 2/. 4	
CON2	J1	CON2		HDR1X2	Headers. lib

习题 1.4　RC 串并联选频网络振荡器

任务一、按照题 1.4 图,绘制 RC 串并联选频网络振荡器电路原理图。参看题 1.4 图表。

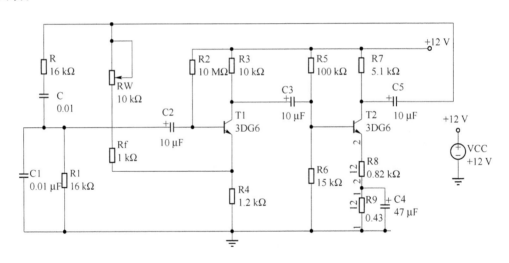

题 1.4 图　RC 串并联选频网络振荡器电路原理图

题 1.4 图表　元件属性列表

元件名称 (Lib Ref)	序号 (Designator)	注释	元件所在的库	元件封装 Footprint	元件封装 所在的库
NPN	T1~T2	3DG6	Miscellaneous Devices. ddb	To-92B	Advpcb. ddb
RES2	R	16 kΩ	Miscellaneous Devices. ddb	Axial0.3	Advpcb. ddb
RES2	R1	16 kΩ	Miscellaneous Devices. ddb	Axial0.3	Advpcb. ddb
RES2	R2	1 MΩ	Miscellaneous Devices. ddb	Axial0.3	Advpcb. ddb
RES2	R3	10 kΩ	Miscellaneous Devices. ddb	Axial0.3	Advpcb. ddb

续　表

元件名称 (Lib Ref)	序号 (Designator)	注释	元件所在的库	元件封装 Footprint	元件封装 所在的库
RES2	R4	1.2 kΩ	Miscellaneous Devices. ddb	Axial0.3	Advpcb. ddb
RES2	R5	100 kΩ	Miscellaneous Devices. ddb	Axial0.3	Advpcb. ddb
RES2	R6	15 kΩ	Miscellaneous Devices. ddb	Axial0.3	Advpcb. ddb
RES2	R7	5.1 kΩ	Miscellaneous Devices. ddb	Axial0.3	Advpcb. ddb
RES2	R8	0.82 kΩ	Miscellaneous Devices. ddb	Axial0.3	Advpcb. ddb
RES2	R9	0.43 kΩ	Miscellaneous Devices. ddb	Axial0.3	Advpcb. ddb
RES2	Rf	1kΩ	Miscellaneous Devices. ddb	Axial0.3	Advpcb. ddb
ELECTRO1	C2	1 μF	Miscellaneous Devices. ddb	RB.2/.4	Advpcb. ddb
ELECTRO1	C3	100 μF	Miscellaneous Devices. ddb	RB.2/.4	Advpcb. ddb
ELECTRO1	C4	47 μF	Miscellaneous Devices. ddb	RB.2/.4	Advpcb. ddb
ELECTRO1	C5	10 μF	Miscellaneous Devices. ddb	RB.2/.4	Advpcb. ddb
CAP	C	0.01 μF	Miscellaneous Devices. ddb	RAD0.1	Advpcb. ddb
CAP	C1	0.01 μF	Miscellaneous Devices. ddb	RAD0.1	Advpcb. ddb
POT1	RW	10 kΩ	Miscellaneous Devices. ddb	VR5	Advpcb. ddb
VSRC	VCC	+12 V	Sim. ddb	HDR1X2	Headers. lib

任务二、手工绘制 RC 串并联选频网络振荡器 PCB 单面板图(参看题 1.4 图表)。

习题 1.5　信号源电路设计

任务一、新建"信号源电路. sch"。试画出题 1.5 图信号源电路的原理图。图中的元件属性列表如题 1.5 表所示。保存"信号源电路. sch"到桌面学号文件夹下。

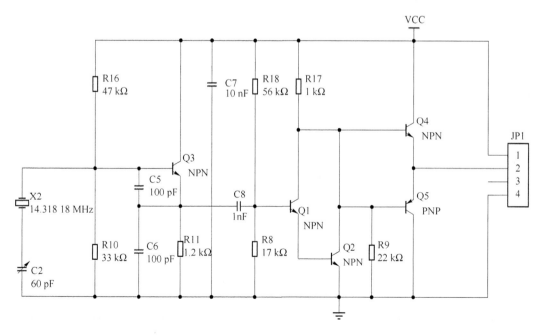

题 1.5 图　信号源电路的原理图

题 1.5 图表　元件属性列表

标号	注释	元件名称 （Lib Ref）	元件所属元件库	元件封装名	元件封装库
X1	14.31818 MHz	CRYSTAL	Miscellaneous Devices	XTAL1	Advpcb. ddb
C2	60 pF	CAPVAR	Miscellaneous Devices	RAD0. 3	Advpcb. ddb
C5 C6 C7 C8	100 pF、100 pF、 10 nF、1 nF	CAP	Miscellaneous Devices	RAD0. 1	Advpcb. ddb
Q1 Q2 Q3 Q4	NPN	NPN1	Miscellaneous Devices	TO-92A	Advpcb. ddb
R8　R9　R10 R11 R16 R18	17 kΩ 22 kΩ 33 kΩ 1.2 kΩ 47 kΩ 56 kΩ	RES1	Miscellaneous Devices	AXIAL0. 3	Advpcb. ddb
Q5	PNP	PNP1	Miscellaneous Devices	TO-92A	Advpcb. ddb
R17	1 kΩ	RES1	Miscellaneous Devices	AXIAL0. 6	Advpcb. ddb
JP1	CON4	CON4	Miscellaneous Devices	SIP4	Advpcb. ddb

　　任务二、新建"信号源电路. pcb"，试根据题 1.5 图信号源电路原理图，手工绘制信号源单面电路板图。保存"信号源电路. pcb"到桌面学号文件夹下。

习题 1.6　甲乙类放大电路设计

　　任务 1、试画出题 1.6 图甲乙类放大电路的原理图。图中的元件属性列表如题 1.6 表所示。

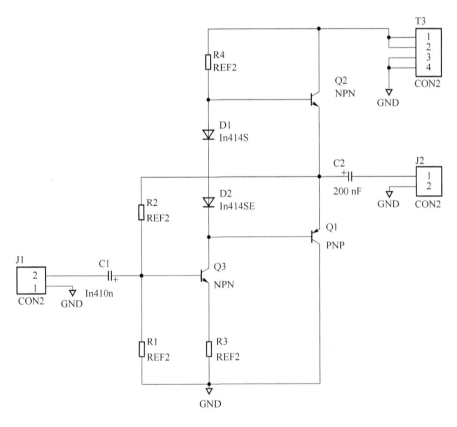

题 1.6 图　甲乙类放大电路原理图

题 1.6 图表 元件属性列表的元件表

元件标号	元件名称	元件库	元件封装	元件封装库
R1、R2、R3 、R4	RES2	Miscellaneous Devices. ddb	AXIAL0. 3	Advpcb. ddb
D2	1N4148	Sim. ddb	DIODE0. 4	Advpcb. ddb
D1	1N4148	Sim. ddb	DIODE0. 4	Advpcb. ddb
C1、C2	CAPACITOR POL	Miscellaneous Devices. ddb	RB. 2/. 4	Advpcb. ddb
J1、J2	CON2	Miscellaneous Devices. ddb	SIP2	Advpcb. ddb
J3	CON4	Miscellaneous Devices. ddb	SIP4	Advpcb. ddb
Q2、Q3	NPN	Miscellaneous Devices. ddb	TO-46	Advpcb. ddb
Q1	PNP	Miscellaneous Devices. ddb	TO-46	Advpcb. ddb

任务 2、新建"甲乙类放大电路. pcb",试根据题 1.6 图甲乙类放大电路原理图,手工绘制甲乙类放大电路单面电路板图。

习题 1.7 无线传声器电路设计

任务 1、绘制无线传声器电路原理图。

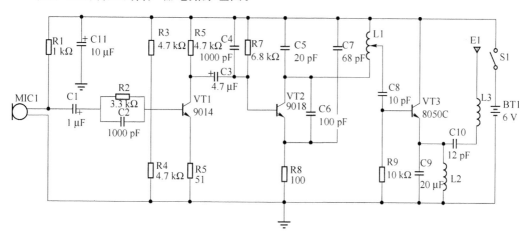

题 1.7 图 无线传声器电路原理图

任务 2、手工绘制无线传声器电路单面电路板图。

习题 1.8 实用助听器电路设计

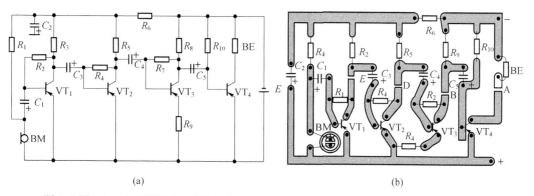

(a)

(b)

题 1.8 图(a) 实用助听器电路原理图   题 1.8 图(b) 实用助听器电路 PCB 电路板图

任务 1、绘制实用助听器电路原理图。

任务 2、手工绘制实用助听器电路单面电路板图。

习题 1.9   倒车蜂鸣器电路设计

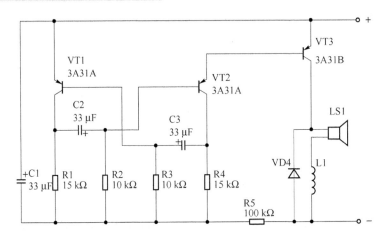

题 1.9 图   倒车蜂鸣器电路原理图

任务一、按照题 1.9 图绘制倒车蜂鸣器电路原理图。

任务二、手工绘制倒车蜂鸣器电路单面电路板图。

习题 1.10   秒脉冲发生器电路设计

任务一、在原理图中，加载 Protel DOS Schematic Libraries 元件库。

任务二、按题 1.10 图，绘制秒脉冲发生器电路原理图。

任务三、手工绘制秒脉冲发生器电路单面电路板图(555 元件封装为 DIP8)。

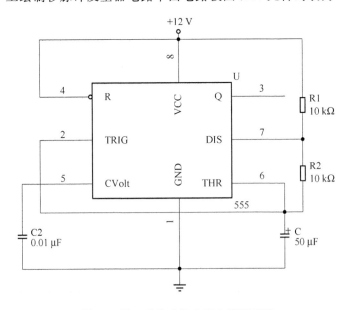

题 1.10 图   秒脉冲发生器电路原理图

实训项目 2 串联晶体多谐振荡器电路设计

 项目描述

该项目有两个任务。任务一是使用 Protel 99SE 绘图工具,熟练的绘制具有复合式元件的电路原理图,对电路原理图中各个元件进行相应的封装,生成网络表。任务二是在新建的 PCB 文件中,设置相对原点与显示相对原点,恢复绝对原点;创建机械层;根据具体形状与尺寸规划电路板;通过加载生成的网络表自动放置元件封装;使用推开堆在一起的元件的方法,将堆在一起的元件推开,进行元件布局、调整,直到元件封装位置合适为止;设置设计规则,单层布线,根据线宽要求设置线宽;通过自动布线绘制相应的单面印制线路板图,布线不合适,使用拆线工具拆除自动布线,重新调整后,重新布线。

 项目目的

1. 新建原理图,能根据需要加载元件库,熟练掌握绘制具有复合式元件的原理图。
2. 对元件进行正确封装。
3. 能将封装好的原理图生成网络表。
4. 会新建 PCB 图,能根据实际电路加载所需的元件封装库。
5. 会设置相对原点,并显示相对原点。
6. 会创建机械层。
7. 能根据要求规划电路板。
8. 会恢复绝对原点。
9. 会加载由原理图生成的网络表,对网络表中出现的一般错误,能看懂,会进行修改。
10. 会设置单层布线及线宽。
11. 能利用推开堆在一起的元件的方法自动布局、手工调整。
12. 能通过自动布线、手动调整的方法,绘制相应的 PCB 图,掌握相应的单面印制线路板图自动绘制的具体步骤。

 仪器设备

计算机、WINDOWS98/2000/XP 环境、PROTEL 99 SE 软件。

项目内容

任务 2.1 绘制原理图

【要求】

1. 新建"串联晶体多谐振荡器电路 . sch"原理图文件。

2. 根据图中元件加载所需的元件库,参看图 2-1 串联晶体多谐振荡器电路及表 2-1 串联晶体多谐振荡器电路元件属性列表。

3. 会连续放置复合式元件,了解复合式元件的引脚数目,会对复合式元件进行封装。

4. 对电路原理图中各个元件进行正确封装,参看表 2-1 元件封装(Footprint)。

5. 绘制原理图。

6. 生成网络表文件。

7. 导出原理图文件及相应的网络表文件到桌面文件夹下,分别命名为"串联晶体多谐振荡器电路 . sch"及"串联晶体多谐振荡器电路 . net"。

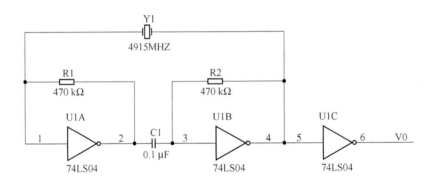

图 2-1 串联晶体多谐振荡器电路

表 2-1 串联晶体多谐振荡器电路元件属性列表

Lib Ref (元件名)	元件库	Designator (元件序号)	Part Type (元件标注)	Footprint (元件封装)	元件封装库
74LS04	Protel DOS Schematic Libraries. ddb	U1	74LS04	DIP14	Advpcb. ddb
RES2		R1 、R2	470 kΩ	AXIAL0. 3	
Cap		C1	0. 1 μF	RAD0. 1	
CRYSTAL		Y1	4915MHZ	RAD0. 1	

【实施】

操作步骤:

1. 新建数据库文件"MyDesign. ddb"文件,在其中的 Document 下,创建"串联晶体多

谐振荡器电路 . sch”文件。

2. 加载所需的元件库 Protel DOS Schematic Libraries. ddb。

3. 连续放置复合式元件，了解复合式元件引脚数目，以便于对其进行封装。

4. 对放置的元件进行封装。

5. 绘制原理图。ERC 检查，有错误请修改。

6. 生成网络表。

7. 导出原理图、网络表文件到桌面学号文件夹下，分别命名为“串联晶体多谐振荡器电路 . sch”及“串联晶体多谐振荡器电路 . net”。

考核标准：

1. 按照要求在计算机上新建数据库文件及原理图文件，按要求命名。（10 分）

2. 加载所需的元件库 Protel DOS Schematic Libraries. ddb。（20 分）

3. 放置复合式元件，对元件进行封装。（30 分）

4. 绘制原理图，ERC 检查，无错后生成网络表文件。（30 分）

5. 导出原理图、网络表文件到桌面学号文件夹下，命名正确。（10 分）

实训报告书写：

1. 在报告上写出完成任务要求所需的步骤。

2. 写出如何加载所需的元件库 Protel DOS Schematic Libraries. ddb 的。

3. 写出如何放置复合式元件，对元件进行封装的。

4. 写出对要绘制完成的原理图文件如何进行 ERC 检查，错误的种类。

5. 如何生成网络表文件。

6. 打印已经绘制完成的电路原理图。

【所需知识】

知识 1　查找元件、添加元件库

进入原理图环境后，如果不知道某个元件所在的元件库，可以通过查找的方式查找。查找方法：单击左侧的“Browse SCH”按钮，选择 Browse 下方的下拉式菜单中的“Library”；再单击 Filter 区域下方的“Find”按钮，就会出现查找元件所在的库对话框，输入要查找的元件名 74LS04，单击下方的“Find Now”按钮，就开始查找元件名 74LS04 所在的元件库，有两个元件库有这个元件。如图 2-2 查找元件所在的库对话框所示。可以选择 Found Libraries 区域下方的库文件，如图 2-2 就选择了 Protel DOS Schematic Libraries. ddb 元件库，单击下方的“Add To Library List”按钮，就会将 Protel DOS Schematic Libraries. ddb 加载到 Browse 下方的“Library”区域。

知识 2　加载元件库及移出元件库

1. 加载元件库

在原理图编辑器的左边设计管理器窗口的 Browse Sch 选项卡中，选择元件库选择区（Library），选择下方的“Add/Remove”按钮。或者单击主工具栏中的图标，在原理图编辑器中增加/移出元件库。用鼠标左键双击 Protel DOS Schematic Libraries. ddb 元件库

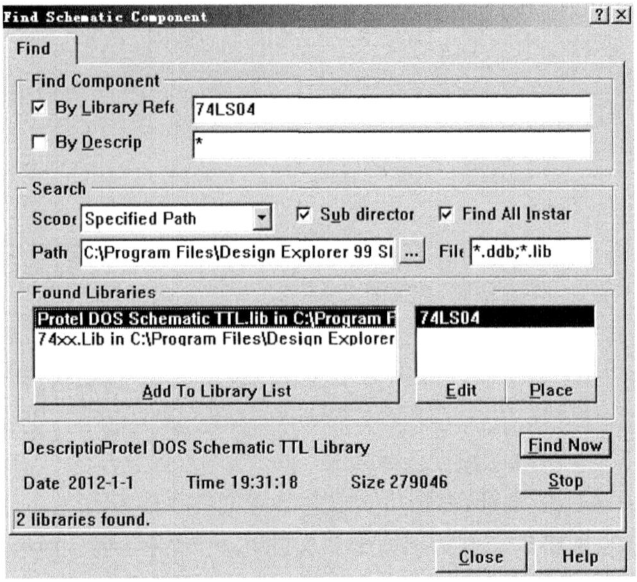

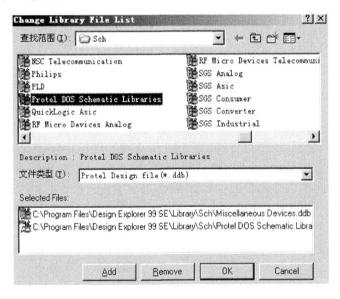

图 2-2 查找元件所在的库对话框

图标；或者用鼠标左键单击该原理图元件库图标，再单击下面的按钮"Add"，都可以完成加载任务。如图 2-3 所示。

图 2-3 加载 Protel DOS Schematic Libraries. ddb 元件库

快速找到元件库的技巧：将鼠标放在图 2-3 查找范围（I）：Sch 窗口下方，在某个图标上随便点一下，再用键盘连续点 Protel，就会自动找到 Protel DOS Schematic Libraries. ddb 元件库。

2. 移出元件库

如果要移去某个原理图元件库，只要在 Selected Files 显示框中选中文件名，单击

Remove 按钮即可;或者用鼠标左键在 Selected Files 显示框中,双击该文件,也可以将不需要的原理图元件库卸载掉。

知识 3　放置复合式元件

74LS04 是一个含有六个非门的集成块,如果单击画线工具栏 Wiring Tools 中的⊳|图标(放置元件),或通过菜单中的其他放置元件方法,只要在 Designator(元件标号)中输入 U1,则会出现第一个放置的元件标号 U1A、第二个 U1B、第三个 U1C、第四个 U1D、第五个 U1E、第六个 U1F,第七个就会自动变成 U2A,这说明一个 U1 中的有六个非门,为了区别这六个非门,标号依次为 U1A、U1B、U1C,同属于一个元件封装 DIP14。如图 2-4 所示。

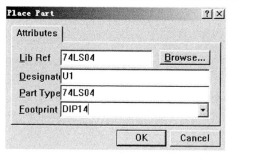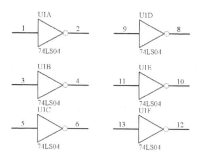

图 2-4　放置复合式元件对话框及连续放置复合式元件

知识 4　元件封装

刚放置元件时,元件处于浮动状态,按 Tab 键;或者放置元件后,双击该元件,就会进入元件属性编辑对话框。封装(Footprint)形式选项中输入 DIP14,如图 2-5 所示为设置 U1 的元件封装及 DIP14 的实际封装形式。也可以在放置元件时,在如图 2-4 左侧的放置元件对话框中输入元件的封装形式。该项目的元件封装名参看表 2-1。

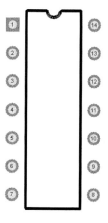

图 2-5　设置 U1 的元件封装及 DIP14 的实际封装形式

知识 5　ERC 检查

1. ERC 检查

绘制完成的原理图,需对绘制好的"串联晶体多谐振荡器电路.sch"原理图进行 ERC

(Electrical Rule Check)电气规则检查。ERC 检查就是按照一定的电气规则来检查绘好的原理图是否有错误。点击菜单 Tools/ERC,就会出现 Electrical Rule Check 设置对话框,点击对话框下面的"OK"按钮,就会自动生成 ERC 报告文件,该文件的扩展文件名为:.erc,主文件名与原理图的主文件名一致。该项目的 ERC 报告文件名为"串联晶体多谐振荡器电路.erc"。

2. ERC 报告结果

1)无错的报告结果为:

Error Report For : Documents\串联晶体多谐振荡器电路.Sch   1 – Jan – 2012   20:34:14

End Report

如果有错误,如图 2-1 中 U1C 与 U1B 间断开,即 U1C 的 5 脚断开,就会在其中间有错误提示。

2)有错的报告结果为:

Error Report For : Documents\串联晶体多谐振荡器电路.Sch   1 – Jan – 2012   20:38:38

♯1 Warning   Unconnected Input Pin On Net NetU1_5
  串联晶体多谐振荡器电路.Sch(U1 – 5 @720,440)

♯3 Error   Floating Input Pins On Net NetU1_5
Pin 串联晶体多谐振荡器电路.Sch(U1 – 5 @720,440)

End Report

3. 错误提示内容有如下几种:

Multiple net names on net:检测"同一网络命名多个网络名称"的错误。

Unconnected net labels:"未实际连接的网络标号"的警告性错误。

Unconnected power objects:"未实际连接的电源图件"的警告性错误。

Duplicate sheet numbers:"电路图编号重号"错误。

Duplicate component designator:"元件编号重号"错误。

bus label format errors:"总线标号格式错误"。

Floating input pins:"输入引脚浮接"错误。

常见错误主要有 Duplicate Pin Number(引脚编号重复)、No Footprint(没有封装形式)、Missing Pin Number(丢失引脚编号)等,应根据错误原因修改元件图形符号。

知识 6   生成网络表

ERC 检查后,对错误进行了修改。在原理图文件下,执行菜单 Design → Create Netlist 命令;或者在原理图文件空白处单击鼠标右键,选择 Create Netlist。会出现如图 2-6 所示"Netlist Creation"设置对话框。单击"OK"按钮,即可生成 ＊＊.net 文件,＊＊ 即为原理图主文件名。由于本项目中原理图文件名为:"串联晶体多谐振荡器电路.sch";因此生成的网络表文件名为:"串联晶体多谐振荡器电路.net"。

网络表文件的格式

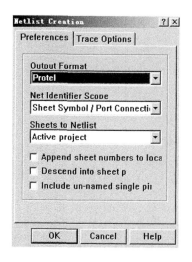

图 2-6 "Netlist Creation"设置对话框

包含:元件描述,网络描述及 PCB 布线指示。

1. 元件描述:[ ]表示。其中包括元件标号、元件封装及元件标注。R2 的元件描述如下:

[	元件描述开始标志
U1	元件的标号
DIP14	元件的封装形式
74LS04	元器件的注释
]	元件描述结束标志

2. 网络描述:(   )。其中包括网络名称及与该网络相连的端点,如网络名称为 GND,与之相连的端点有 U1 的 7 脚。

(	网络描述开始的标志
GND	网络名称为 GND
U1 − 7	U1 的 7 脚网络名为 GND
)	网络描述结束的标志

知识 7   导出原理图文件、网络表文件与 ERC 文件

三种文件的导出方法一致,例如,在原理图文件下,先单击主工具栏中的磁盘 ▣ 标志,然后,将左侧的工作窗口点到 Explorer,其下方就会有当前的原理图文件名在灰色阴影中,在该阴影(要导出文件)的图标上单击右键,选择 Export 命令,就可以导出到所需要的文件夹下。

任务 2.2 绘制单面 PCB 图

【要求】

1. 新建 PCB"串联晶体多谐振荡器电路.pcb"文件。

2. 设置相对原点并显示相对原点。

3. 规划电路板,板的尺寸为 2 500 mil×2 000 mil 矩形且右上角缺 500 mil×500 mil,如图 2-7 所示。

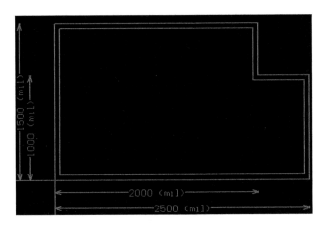

图 2-7 电路板尺寸与形状

4. 恢复相对原点。

5. 加载所需的元件封装库。参看表 2-1。

6. 通过加载网络表自动放置元件,自动推开元件,手动调整元件。

7. 线宽设置:+12 V 电源线宽为 50 mil,GND 线宽为 50 mil,其他信号线宽为 30 mil。

8. 布线层设置:单面布线。

9. 通过自动布线手工调整布线完成 PCB 设计任务。

10. 将绘制好的 PCB 文件导出到桌面学号文件夹下,命名为"串联晶体多谐振荡器电路.pcb"。

【实施】

操作步骤:

1. 在数据库文件"MyDesign.ddb"文件的 Document 下,创建"串联晶体多谐振荡器电路.pcb"。

2. 设置当前原点(Edit/Origin/Set)及显示当前原点(Tools→Preferences→Display→选中 Origin Marker)。

3. 规划电路板,可以手工规划电路板;也可以利用印制电路板向导规划电路板。

4. 恢复绝对原点(Edit/Origin/Reset)。

5. 加载元件封装库(Advpcb. ddb 该库系统默认)。

6. 加载网络表。执行 Design→Load Nets。

7. 先利用 Tools 工具栏中 Auto Placement→Set Shove Depth 设置推开堆在一起的元件的次数;然后再利用 Tools 工具栏中 Auto Placement→ Shove ,单击要推开的元件;最后手动调整元件布局。

8. 利用 Design/Rules/Routing/Width Constraint,设置信号线宽 30 mil。设置网络号为+12 V 与 GND 的线宽均为 50 mil。

9. 利用 Design/Rules/Routing/ Routing Layers,单击 Properties 按钮,更改布线层为不使用顶层,底层为任何方向布线。

10. 通过 Auto Route→All,单击"Route All"按钮,完成自动布线任务。

11. 如果布线不合适,可以通过 Tools→ Un－ Route →All 整体删除布线。在步骤 7 与步骤 8 之间反复调整元件位置→自动布线→拆除布线→再调整元件位置→再自动布线,直到大部分布线满意位置,对于少数布线,可以采用删除布线的方法,通过单击 Placement Tools 中的图标 ,进行手工布线。

12. 将绘制好的 PCB 文件导出到桌面文件夹下,命名为"串联晶体多谐振荡器电路. pcb"。

考核标准:

1. 按照要求在计算机上新建 PCB 文件,新建的位置合适,命名合乎要求。(5 分)

2. 正确设置当前原点显示当前原点。(10 分)

3. 规划电路板电气边界所在的层选择正确,板的尺寸及形状符合要求。(10 分)

4. 恢复绝对原点。(5 分)

5. 加载元件封装库、加载网络表。(20 分)

6. 元件布局合理。(20 分)

7. 线宽设置、层的设置符合要求。(20 分)

8. 自动布线。(10 分)

实训报告书写:

1. 在报告上写出通过自动布线完成"串联晶体多谐振荡器电路. pcb"的步骤。

2. 写出如何设置当前原点、规划电路板、恢复绝对原点。

3. 写出如何设置布线层及线宽。

4. 写出元件布局的规则。

5. 打印已经绘制完成的电路板图。

【所需知识】

知识 1　设置当前原点、显示当前原点

1. 新建"串联晶体多谐振荡器电路. pcb"文件。(File→New)

2. 设置相对原点(Edit→Origin→Set);或者单击工具栏中的▨图标。在该 pcb 环境的某处单击一下,被单击的该位置就是相对原点。

3. 显示当前原点(Tools→Preferences→Display→选中 Origin Marker)。相对原点的位置就会出现相对原点标志▨,此处就是相对的坐标原点(0,0)点。

知识 2　规划电路板

一. 手工规划电路板

绘制电路板物理边界

单击 Placement Tools 中的图标≈,当光标连着＋字形,表示处于画线状态。在刚刚设置的相对原点处,单击鼠标左键确定连线的起点,然后连续按键盘上的"J-L"键,屏幕就会弹出"坐标跳跃"对话框(如果没有弹出,注意切换输入法)如图 2-8 所示。

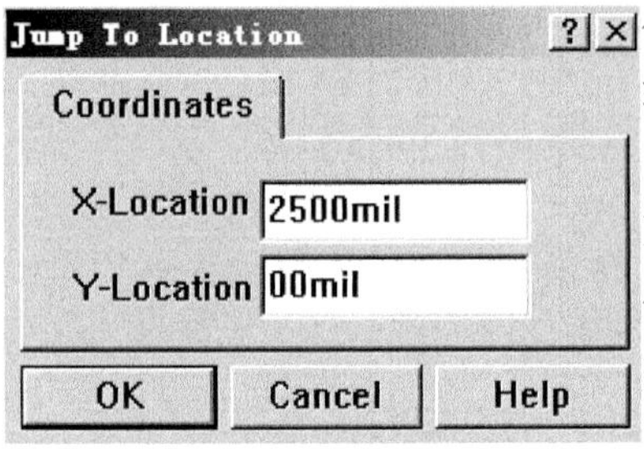

在 X-Location(横轴位置)输入 2 500 mil,在 Y-Location(纵轴位置)输入 00 mil,此时不动鼠标,线就会自动绘制到 2 500 mil 的位置。同样方法,再连续按键盘上的"J-L"键,屏幕上同样会弹出如图 2-8 所示对话框,在对话框中可以输入需要的数值。以此类推。

图 2-8　"坐标跳跃"对话框

二、利用向导规划电路板

在新建 PCB 文件的过程中,在 New Component 对话框中,如图 2-9 所示,不单击文件"Documents"按钮,而是单击"Wizards"按钮,选择"Printed Circuit Board Wizard",利用向导规划电路板对话框,双击该图标。或者单击该图标,再单击"OK"按钮,填入应该填入的数据,一步步单击"Next"。

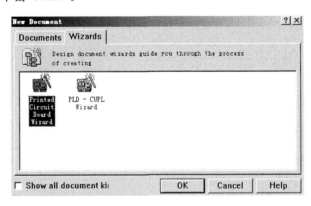

图 2-9　新建文件中利用向导规划电路板对话框

知识 3　恢复绝对原点

执行菜单命令 Edit/Origin/Reset,恢复绝对原点。

知识 4　加载网络表

在 PCB 文件中,执行 Design→Load Nets,将原理图生成的网络表装入进来。元件即被放入该 PCB 文件中。但此时的元件是重叠在一起的,不便手工调整元件布局。若装入网络表时出错,必须将错误改正过来,才能单击"Execute",否则将无法进行下一步自动布线。

知识 5　网络表出现的错误、原因及改正的方法

1) Component not found(没有找到元件):产生该错误的原因可能是 Designator 项未填上,或是元件编号不正确。改正办法回到原理图中,重新填写,重新生成网络表即可。

2) Footprint…not found in Library(……在库里没发现该元件封装):一个原因可能是在原理图中没有定义该元件封装;另一个原因可能是需要的 PCB 库没有打开。

3) Node Not found(引脚没找到):在确保前两个问题解决以后,如果出现此问题,很可能的原因就是:

a. 原理图中的元件使用了 PCB 库中没有的封装;

b. 原理图中的元件使用了 PCB 库中名称不一致的封装;

c. 原理图中的元件使用了 PCB 库中 pin number 不一致的封装。如二极管在原理图中的引脚号为 A,K;但在 PCB 封装库中为 1,2。又如三极管在原理图中的管脚号为 e,b,c;但在 PCB 封装库中为 1,2,3。这将在项目三中加以介绍。

改正的方法有三种:

一种方法是回到原理图中,将原理图库中该元件编辑器打开,将原理图中该元件的引脚号改为 PCB 封装库中引脚号,然后重新生成网络表。

第二种方法是可以在网络表中改正。将改正后的网络表重新存一下,在 PCB 文件中重新载入网络表文件即可。

第三种方法在 PCB 中修改元件封装,可以直接对 PCB 界面中的器件封装进行编辑。如对 PCB 中器件封装增加焊盘,操作步骤为:①增加焊盘,将焊盘设置为被选中状态;②将需要增加的元件设置为原始图素;③选 Tools→Convert→Add Selected Prmitives to Component,提问要增加焊盘的元件,确认即可。

知识 6　自动布局

执行菜单命令"Tools→Auto Placement(自动布局)→ Auto placer(自动布线器)",屏幕上出现如图 2-10 所示的自动布局对话框。

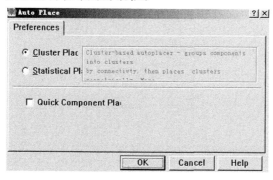

图 2-10　自动布局对话框

它有三个选项:Cluster Placer(组布局方式)、Statistical Placer(统计布局方式)、

Quick Component Placement(快速布局方式)。组布局方式：适用于元件少于 100 的电路。统计布局方式：适用于元件多于 100 的电路。如果选择统计式方式，在下面两栏中，需分别输入"＋5 V"和"GND"，单击"OK"按钮，启动自动布局过程，然后接连单击两个"Yes"按钮，自动布局。

还有一种自动布局的方法是自动推开元件。

加载网络表出现元件重叠，则选择菜单 Tool→Auto Placemen→Set Shove Depth，在弹出的窗口中设置推开次数为 5 次，然后选择 Tool→Auto Placement→ Shove 后，用鼠标随意单击一个元件，就可以看到所有元件都被推开了。达到了元件自动布局的作用，但是，该自动布局是没有规律的，需根据实际情况手动调整元件布局。

知识 7　设置线宽

利用 Design/Rules/Routing/Width Constraint，单击 Properties 按钮，更改 Whole Board(整个电路板)的网络线宽，Minimum Width 是最小值，一般情况下，最小值不变。Maximum Width 是最大值，如设置为 60 mil。Preferred Width：首选项，如设置为 30 mil。就说明信号线被设置成 30 mil。如图 2-11 所示。

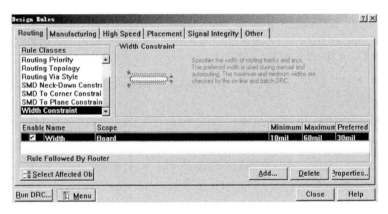

图 2-11　设置信号线宽为 30 mil

设置网络号为＋5 V 的线宽为 50 mil 的方法：单击图 2-11 所示下面的"Add"按钮，加入一个线宽网络的设置，先从左侧 Filter Kind(筛选设置线宽的类别)的下拉式列表中选出 Net(网络)，如图 2-12 所示。

然后再选择网络名为 GND 网络，Preferred Width 是首选项，如设置为 50 mil，Maximum Width 是最大值，如设置为 60 mil 或者 50 mil 均可。如图 2-13 所示。

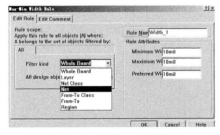 

图 2-12　选择 Net(网络)　　　　　图 2-13　设置 Net 中的 GND 的网络线宽

知识 8　自动布线

自动布线的步骤：

1. 由原理图生成网络表（原理图中的元件必须封装）。

2. 新建 PCB 文件。

3. 设置当前原点并显示当前原点。设置当前原点：Edit→Origin→Set 在需要设置的原点处点击一下；显示当前原点：Tools→Preferences→Display→选中 Origin Marker，如图 2-14 所示，就会出现图标⊗。

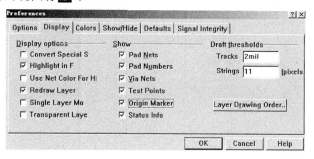

图 2-14　显示当前原点的设置方法

4. 规划电路板（选择 Keepout Layers，利用画线的方法按照要求的长和宽规划出电路板的电气边界）。

5. 恢复绝对原点。Edit→Origin→Reset。

6. 加载所需的元件封装库。

7. 处理二极管引脚。在知识 1 中已讲解。

8. 加载网络表（Design→Load Nets）。

9. 设置线宽与布线层（Design→Rules）。

10. 元件自动布局与手工调整（元件较少时采用自动推开元件的方法比较好用）。

11. 自动布线 Auto Route→All，单击"Route All"按钮，进行自动布线。为了使图中铜膜走线清晰，将图中背景颜色改为白色，Topoverlayer 层改为棕色，BottomLayer 层改为黑色。Pad Hole 颜色改为灰色。布线结果如图 2-15 所示。

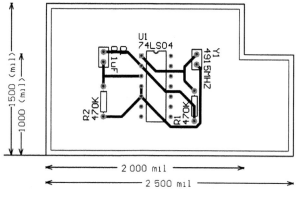

图 2-15　电路.pcb

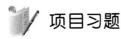 项目习题

习题 2.1　方波发生器电路

任务一　试绘出题 2.1-1 图原理图。

① 新建"方波发生器电路 . sch"。

② 加载所需的元件库(参看题 2.1 表)。

③ 放置元件并进行元件封装。

④ 生成网络表文件。

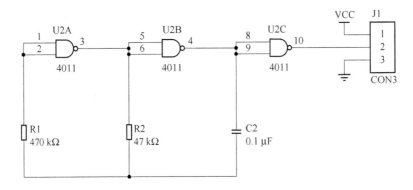

题 2.1-1 图　方波发生器电路

⑤ 导出绘制的原理图文件及网络表文件到桌面文件夹下。

题 2.1 表　方波发生器电路元件属性列表

Lib Ref (元件名)	元件库	Designator (元件序号)	Part Type (元件标注)	Footprint (元件封装)	元件封装库
4011	Protel DOS Schematic Libraries. ddb	U1	4011	DIP14	Advpcb. ddb
RES2		R1 、R2	470 kΩ、47 kΩ	AXIAL0. 3	
Cap		C2	0. 1 μF	RAD0. 1	
CON3	Miscellaneous Devices. ddb	J1	CON3	HDR1X3	Headers. ddb

任务二　设计该电路的电路板。

① 使用单层电路板,电路板的尺寸为 1 000 mil×1 000 mil。

② 电源地线的宽度为 40 mil。

③ 信号线的宽度为 20 mil。

④ 通过自动调入元件,手工调整,自动布线完成该电路板设计。

参考电路板设计,该电路板的 3D 显示的正面图、背面图分别如题 2.1-2 图、题 2.1-3 图、题 2.1-4 图所示:

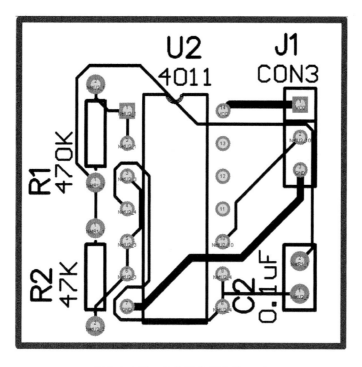

题 2.1-2 图　方波发生器电路.pcb

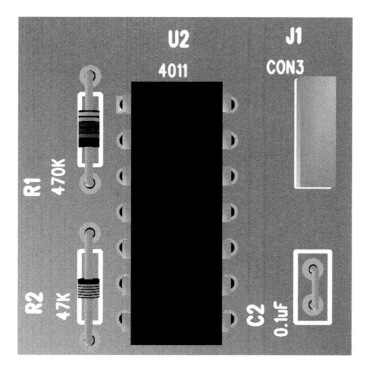

题 2.1-3 图　方波发生器电路.pcb 图 3D 显示正面图

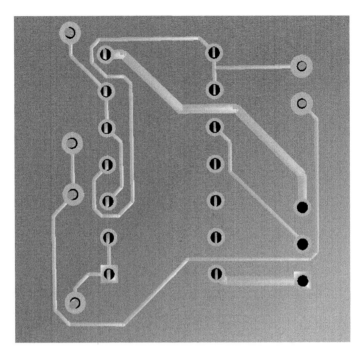

题 2.1-4 图　方波发生器电路.pcb 图 3D 显示背面图

任务一、绘制如题 2.2 图超声波测距仪发射电路原理图。

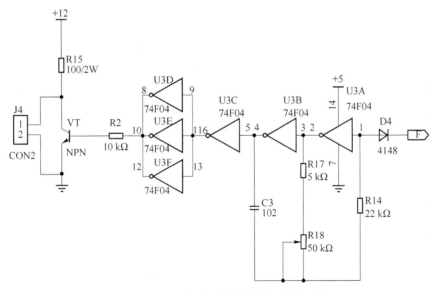

题 2.2 图　超声波测距仪发射电路原理图

题 2.2 表　超声波测距仪发射电路元件属性列表

Lib Ref （元件名）	元件库	Designator （元件序号）	Part Type （元件标注）	Footprint （元件封装）	元件封装库
74F04		U3A U3B U3C U3D U3E U3F	74F04	DIP14	
RES2	Protel DOS Schematic Libraries. ddb	R2、R14、R15 、R17	10 KΩ、22 kΩ 100/2W、5 kΩ	AXIAL0. 3	
POT2		R18	50 kΩ	VR5	Advpcb. ddb
Cap		C3	102	RAD0. 1	
DIODE	Miscellaneous Devices. ddb	D4	4148	DIODE0. 4	
NPN		VT	NPN	TO-92A	
CON2		J1	CON2	HDR1X2	Headers. ddb

任务二、自动绘制如题 2.2 图超声波测距仪发射电路单面电路板图（注意二极管在原理图中的引脚号及在 PCB 图中的引脚号，加载网络表时会出错。如果将二极管的封装改为电阻的封装，看看是否会出错？分析不一样的封装，错误的原因）。

习题 2.3　超声波接收电路

任务一、将题 2.3 图中元件属性列成表（注意 U1A、U1B 在原理图 Protel DOS Schematic Libraries. ddb 库中，元件封装为 DIP8）。

任务二、按照题 2.3 图，题 2.3 表中元件属性列表放置元件，注意放置 U1A、U1B 时，A、B 是怎么回事。绘出原理图。

任务三、将题 2.3 图进行元件封装，生成网络表。

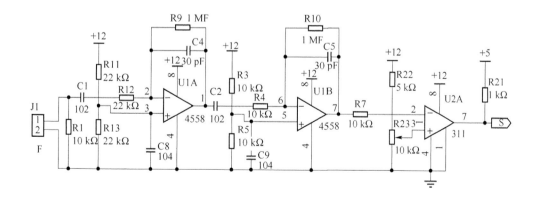

题 2.3 图　超声波接收电路

任务四、创建 PCB 文件，如果加载网络表有错误，回到任务二中修改，直到无错误为止。通过自动布线完成单层电路板图绘制。

习题 2.4　三个裁判判决电路

任务一、加载 Sim. ddb 元件库,或者加载 Protel DOS Schematic Libraries. ddb 元件库。

任务二、题 2.4 图中 U1A、U1B、U1C、U1D 是如何放置的? 符号后的 A、B 、C、D 是否是输入的 A、B 、C、D? 一个 74LS04 芯片中有几个非门? 有多少个引脚? 需要几个 DIP14 元件封装?

任务三、列出题 2.4 图中电路元件属性列表。

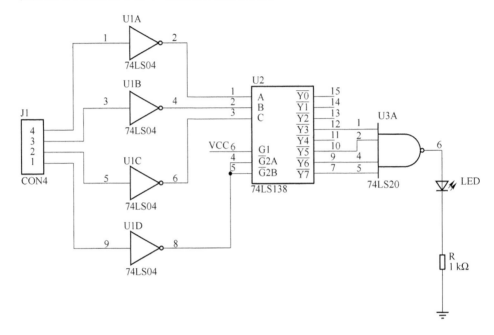

题 2.4 图　三个裁判判决电路原理图

任务四、绘出原理图,进行元件封装,生成网络表。

任务五、通过自动布局、手工调整;自动布线完成三个裁判单层电路板设计。并能导出电路原理图、电路板图到自己学号文件夹下。

习题 2.5　八路循环彩灯电路设计

任务一、加载 Sim. ddb 元件库,或者加载 Protel DOS Schematic Libraries. ddb 元件库。

任务二、按照题 2.5 图绘制原理图。

任务三、对元件进行元件封装,生成网络表(其中,74LS00 芯片中有四个与非门,共有 14 个引脚,74LS74 芯片中有两个 D 触发器,也有 14 个引脚,它们的元件封装均为 DIP14;而 74LS194 元件封装为 DIP16)。

任务四、通过自动布局、手工调整;自动布线完成八路循环彩灯电路板设计。并能导出电路原理图、电路板图到自己学号文件夹下。

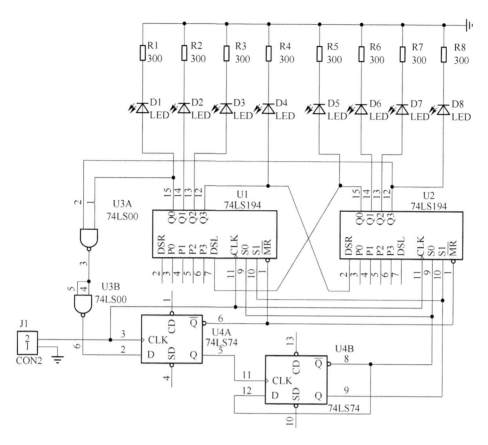

题 2.5 图　八路循环彩灯电路原理图

实训项目3 ＋12 V直流稳压电源电路设计

 项目描述

该项目有两个任务：任务一是使用 Protel 99SE 绘图工具绘制电路原理图；对电路原理图中各个元件进行相应的封装，生成网络表。任务二是在新建的 PCB 文件中，对二极管引脚号进行处理，使之与其在原理图中的引脚号一致；然后加载生成的网络表，使用推开元件的方法将堆在一起的元件推开，进行元件布局、调整，直到元件封装位置合适为止；设置设计规则，单层布线，根据线宽要求设置线宽；通过自动布线绘制相应的单面印制线路板图。

 项目目的

1. 新建原理图，能根据需要加载元件库，熟练掌握原理图绘制方法。
2. 对元件进行正确封装。
3. 将封装好的原理图生成网络表。
4. 新建 PCB 图，能根据要求加载元件封装库。能根据要求规划电路板。
5. 对于二极管引脚号在原理图中与在 PCB 中不一致，要会进行正确处理，掌握处理的方法。
6. 加载网络表，对网络表中出现的一般错误会进行修改。
7. 能利用自动布局、自动布线、手动调整的方法，绘制相应的 PCB 图，掌握相应的单面印制线路板图自动绘制的具体步骤。

 仪器设备

计算机、WINDOWS98/2000/XP 环境、PROTEL 99 SE 软件。

 项目内容

120

任务 3.1　绘制原理图

【要求】

1. 新建"＋12 V 直流稳压电源电路．sch"原理图文件。

2. 根据图中元件加载所需的元件库,参看图 3-1 ＋12 V 直流稳压电源电路及表 3-1 ＋12 V 直流稳压电源电路元件属性列表。

3. 对电路原理图中各个元件进行正确封装,参看表 3-1 元件封装(Footprint)。

4. 绘制原理图。

5. 生成网络表文件。

6. 导出原理图文件及相应的网络表文件到桌面文件夹下,分别命名为"＋12 V 直流稳压电源电路．sch"及"＋12 V 直流稳压电源电路．net"。

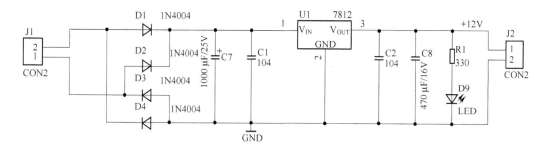

图 3-1　＋12 V 直流稳压电源电路

表 3-1　＋12 V 直流稳压电源电路元件属性列表

Lib Ref（元件名）	元件库	Designator（元件序号）	Part Type（元件标注）	Footprint（元件封装）	元件封装库
1N4004	Sim．ddb	D1　D2　D3　D4	1N4004	DIODE0．4	Advpcb．ddb
VOLTREG	Sim．ddb	U1	7812	TO220H	Transistors．ddb
LED	Miscellaneous Devices．ddb	D9	LED	DIODE0．4	Advpcb．ddb
RES2	Miscellaneous Devices．ddb	R1	330	AXIAL0．3	Advpcb．ddb
ELECTRO1	Miscellaneous Devices．ddb	C7	1000 Uf/25 V	RB．2/．4	Advpcb．ddb
ELECTRO1	Miscellaneous Devices．ddb	C8	470 Uf/16 V	RB．2/．4	Advpcb．ddb
Cap	Miscellaneous Devices．ddb	C1	0．33 μF	RAD0．1	Advpcb．ddb
Cap	Miscellaneous Devices．ddb	C2	0．01 μF	RAD0．1	Advpcb．ddb
CON2	Miscellaneous Devices．ddb	J1　J2	CON2	HDR1X2	Headers．ddb

【实施】

操作步骤：

1. 新建数据库文件"MyDesign. ddb"文件,在其中的 Document 下,创建"＋12 V 直流稳压电源电路 . sch"文件。

2. 加载所需的元件库 Sim. ddb。

3. 放置元件,对元件进行封装。

4. 绘制原理图。ERC 检查,有错误请修改。

5. 生成网络表。

6. 导出原理图、网络表文件到桌面学号文件夹下,分别命名为"＋12 V 直流稳压电源电路 . sch"及"＋12 V 直流稳压电源电路 . net"。

考核标准：

1. 按照要求在计算机上新建数据库文件及原理图文件,按要求命名。（10 分）

2. 加载所需的元件库。（20 分）

3. 放置元件,对元件进行封装。（30 分）

4. 绘制原理图,ERC 检查,无错后生成网络表文件。（30 分）

5. 导出原理图、网络表文件到桌面学号文件夹下,命名正确。（10 分）

实训报告书写：

1. 在报告上写出完成任务要求所需的步骤。

2. 写出如何加载所需的元件库的。

3. 写出如何导出原理图、网络表文件到桌面学号文件夹下。

4. 打印已经绘制完成的电路原理图。

【所需知识】

知识 1　加载元件库及移出元件库

1. 加载元件库

在原理图编辑器的左边设计管理器窗口的 Browse Sch 选项卡中,选择元件库选择区（Library）,选择下方的"Add/Remove"按钮。或者单击主工具栏中的 图标,在原理图编辑器中增加/移出元件库。用鼠标左键双击 Sim. ddb 元件库图标;或者用鼠标左键单击该原理图元件库图标,再单击下面的按钮"Add",都可以完成加载任务。如图 3-2 所示。

技巧:快速找到元件库

将鼠标放在图 3-2 查找范围(I):Sch 窗口下方,在某个图标上随便点一下,再用键盘连续点 SIM,就会自动找到 Sim. ddb 元件库。

2. 移出元件库

如果要移去某个原理图元件库,只是要在 Selected Files 显示框中选中文件名,单击"Remove"按钮即可;或者用鼠标左键在 Selected Files 显示框中双击该文件,也可以将不

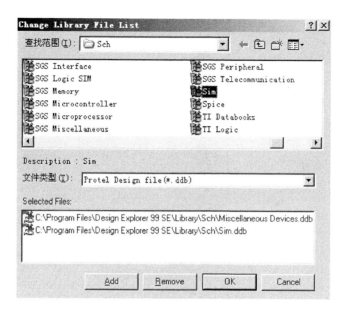

图 3-2　加载 Sim. ddb 元件库

需要的原理图元件库卸载掉。

知识 2　元件封装

放置元件后,双击该元件,进入元件属性编辑对话框。封装(Footprint)形式选项,如图 3-3 所示为电解电容与二极管的元件封装。其他元件封装参看表 3-1。

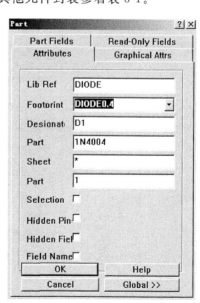

图 3-3　电解电容与二极管的元件封装

知识 3　ERC 检查

单击菜单 Tools/ERC,就会出现 Electrical Rule Check 设置对话框,单击对话框下面的"OK"按钮,就会自动生成 ERC 报告文件,该文件的扩展文件名为:. erc,主文件名与原理图的主文件名一致。该项目的 ERC 报告文件名为:+12 V 直流稳压电源. erc。

知识 4　生成网络表

在原理图文件下,执行菜单 Design→Create Netlist 命令;或者在原理图文件空白处,单击鼠标右键,选择 Create Netlist。会出现如图 3-4 所示"Netlist Creation"设置对话框。单击"OK"按钮,即可生成 ＊＊. net 文件,＊＊ 即为原理图主文件名。由于本项目中原理图文件名为:"+12 V 直流稳压电源电路. sch";因此生成的网络表文件名为:"+12 V 直流稳压电源电路. net"。

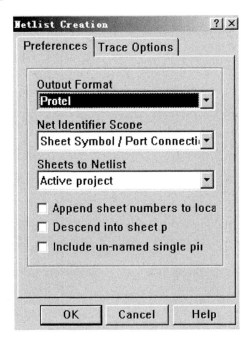

图 3-4　"Netlist Creation"设置对话框

网络表文件的格式包含:元件描述,网络描述及 PCB 布线指示。

1. 元件描述:用[　]表示。其中包括元件标号、元件封装及元件标注。如果元件标注是红字,就表明该标注搞不清是数字还是号,因为没有具体单位,如 C2 中的 104。C2 的元件描述如下:

[	元件描述开始标志
C2	元件的标号
RADO. 1	元件的封装形式
104	元器件的注释(由于数字后没有单位,系统不知道是型号还是数值,所以是红色的)
]	元件描述结束标志

2、网络描述:用(　　)表示。其中包括网络名称及与该网络相连的端点,如网络名称为 GND,与之相连的端点有 C1-2、C2-2 等共九个。

（　　　　　　　　　网络描述开始的标志

GND	网络名称为 GND
C1－2	C1 的 2 脚网络名为 GND
C2－2	C2 的 2 脚网络名为 GND
C7－2	C7 的 2 脚网络名为 GND
C8－2	C8 的 2 脚网络名为 GND
D3－K	D3 的 K 引脚网络名为 GND
D4－K	D4 的 K 引脚网络名为 GND
D9－K	D9 的 K 引脚网络名为 GND
J2－2	J2 的 2 脚网络名为 GND
U1－2	U1 的 2 脚网络名为 GND
)	网络描述结束的标志

知识 5 导出原理图文件、网络表文件与 ERC 文件

导出原理图文件、网络表文件与 ERC 文件方法都是一样的。先单击主工具栏上的磁盘图标(保存)，再将左侧的窗口回到 Explorer 窗口下，或者将右边窗口由原理图文件回到 Documents 下，在该原理图文件上单击右键，就可以将该原理图文件导出到指定的文件夹下。

任务 3.2 绘制单面 PCB 图

【要求】

1. 新建 PCB 文件"＋12 V 直流稳压电源电路．pcb"。

2. 规划电路板，板的尺寸为 3 120 mil×1 470 mil。

3. 加载所需的元件封装库。参看表 3-1。

4. 处理二极管的引脚号。

5. 通过加载网络表自动放置元件、自动推开元件、手动调整元件。

6. 线宽设置：＋12 V 电源线宽为 50 mil，GND 线宽为 50 mil，其他信号线宽为 30 mil。

7. 布线层设置：单面布线。

8. 通过自动布线手工调整布线完成 PCB 设计任务。

9. 将绘制好的 PCB 文件导出到桌面学号文件夹下，命名为"＋12 V 直流稳压电源电路．pcb"。

【实施】

操作步骤：

1. 在数据库文件"MyDesign.ddb"文件的 Document 下，创建"＋12 V 直流稳压电源电路．pcb"。

2. 设置当前原点显示当前原点(Edit/Origin/Set)及(Tools→Preferences→Display→选中 Origin Marker)。

3. 规划电路板：将当前工作层选为 Keepout layer，按照板长 3 120 mil，板宽

1 470 mil,利用 Placement Tools 工具栏中的 ⌇ 画线工具定义一矩形轮廓。如果不合适，布局好后还可以根据实际情况进行调整。

4. 恢复绝对原点(Edit/Origin/Reset)。

5. 加载元件封装库(Transistors. ddb 、Headers. ddb)。

6. 先放入该项目所需的四个二极管封装 DIODE0.4,并编辑其标号分别为 D1、D2、D3、D4;注释均为 1N4004;再修改每个二极管的引脚号,"A"改为"1","K"改为"2"。

7. 加载网络表。执行 Design→Load Nets,加载网络表。

8. 先利用 Tools 工具栏中 Auto Placement→Set Shove Depth 设置推开堆在一起的元件的次数;然后再利用 Tools 工具栏中 Auto Placement→ Shove ,单击要推开的元件;最后手动调整元件布局。

9. 利用 Design/Rules/Routing/Width Constraint,设置信号线宽 30 mil。设置网络号为+12 V 与 GND 的线宽均为 50 mil。

10. 利用 Design/Rules/Routing/ Routing Layers,单击"Properties"按钮,更改布线层为不使用顶层,底层为任何方向布线。

11. 通过 Auto Route→All,单击"Route All"按钮,完成自动布线任务。

12. 如果布线不合适,可以通过 Tools→ Un－ Route →All 整体删除布线。步骤 8 反复调整元件位置→自动布线→拆除布线→再调整元件位置→再自动布线,直到大部分布线满意位置,对于少数布线,可以采用删除布线的方法,通过点击 Placement Tools 中的图标 ⌐,进行手工布线。

13. 将绘制好的 PCB 文件导出到桌面文件夹下,命名为"＋12 V 直流稳压电源电路 . pcb"。

考核标准:

1. 按照要求在计算机上新建 PCB 文件,新建的位置合适,命名合乎要求。(10 分)

2. 规划电路板电气边界所在的层选择正确,板的尺寸大小合乎要求。(10 分)

3. 正确放置二极管元件封转、编辑其标号与标注、修改引脚号。(20 分)

4. 加载网络表,元件布局合理。(20 分)

5. 线宽、层的设置符合要求。(20 分)

6. 自动布线。(20 分)

实训报告书写:

1. 在报告上写出完成任务要求所需的步骤。

2. 写出加载含有二极管元件网络表时网络表中出现哪些错误信息,你是如何进行修改的。

3. 打印已经绘制完成的电路板图。

【所需知识】

知识 1　修改二极管引脚号

1. 新建"＋12 V 直流稳压电源电路 . pcb"文件。File→New。

2. 加载本项目中所需的元件封装库,本项目中除默认的元件封装库外,只需加载
Headers. ddb 元件封装库。单击主工具栏中的图标，选择 PCB 库下的 Connector/
Headers. ddb。

3. 通过单击 Placement Tools 中的图标放置二极管元件封装 DIODE0.4(参看表
3-1)。修改其标号为 D1,标注为 1N4004,在合适的位置放置 D1,可以连续放置,就可依
次放置 D2、D3、D4。

4. 双击 D1 的管脚,就会出现如图 3-5 所示的修改引脚对话框。将引脚标号 Desig-
nator 中的“A”改为“1”;同理应将引脚“K”修改为“2”。修改结果如图 3-6 所示。

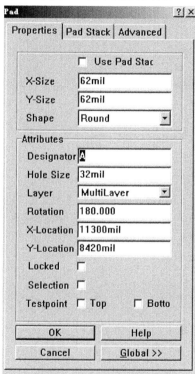
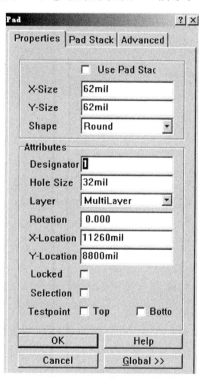

图 3-5　修改引脚对话框

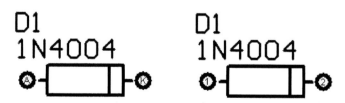

图 3-6　引脚修改结果

知识 2　元件自动布局

1. 加载网络表

在 PCB 文件中,执行 Design→Load Nets,将原理图生成的网络表装入进来。元件即

被放入该 PCB 文件中。但此时的元件是重叠在一起的,不便手工调整元件布局。

2．自动布局

执行菜单命令"Tools→Auto Placement(自动布局)→ Auto placer(自动布线器)",屏幕上出现如图 3-7 所示的自动布局对话框。

图 3-7　自动布局对话框

它有三个选项:Cluster Placer(组布局方式)、Statistical Placer(统计布局方式)、Quick Component Placement(快速布局方式)。组布局方式:适用于元件少于 100 的电路。统计布局方式:适用于元件多于 100 的电路。如果选择统计式方式,在下面两栏,需分别输入"+12 V"和"GND",单击"OK"按钮,启动自动布局过程,然后接连单击两个"Yes"按钮,自动布局。

3．自动推开元件

加载网络表出现元件重叠,则选择菜单 Tool→Auto Placemen→Set Shove Depth,在弹出的窗口中设置推开次数为 5 次,然后选择 Tool→Auto Placement→ Shove 后,用鼠标随意单击一个元件,就可以看到所有元件都被推开了,达到了元件自动布局的作用。但是,该自动布局是没有规律的,需根据实际情况手动调整元件布局。

知识 3　设置线宽

利用 Design/Rules/Routing/Width Constraint,单击"Properties"按钮,更改 Whole Board(整个电路板)的网络线宽,注意 Minimum Width 最小值,一般情况下,最小值不变。Maximum Width 最大值,如设置为 60 mil。Preferred Width 首选项,如设置为 30 mil。就说明信号线被设置成 30 mil。如图 3-8 所示。

设置网络号为+12 V 的线宽为 50 mil 的方法:单击图 3-8 所示下面的"Add"按钮,加入一个线宽网络的设置,先从左侧 Filter Kind(筛选设置线宽的类别)的下拉式列表中选出 Net(网络),如图 3-9 所示。

然后再选择网络名为 GND 网络,Preferred Width 首选项,如设置为 50 mil,其中 Maximum Width 最大值,如设置为 60 mil 或者 50 mil 均可。如图 3-10 所示。

知识 4　自动布线

自动布线的步骤:

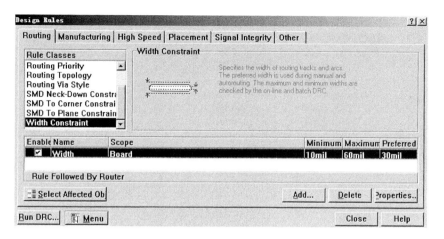

图 3-8　设置信号线宽为 30 mil

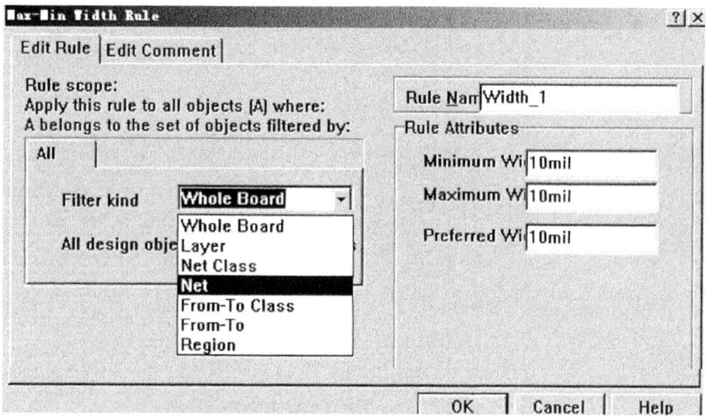

图 3-9　选择 Net(网络)

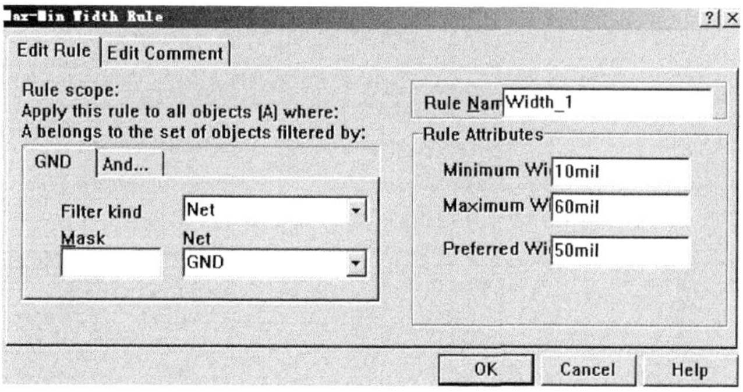

图 3-10　设置 Net 中的 GND 的网络线宽

1. 由原理图生成网络表(原理图中的元件必须封装)。

2. 新建 PCB 文件。

3. 设置当前原点并显示当前原点。设置当前原点：Edit→Origin→Set。在设置的原点处单击一下。显示当前原点：Tools→Preferences→Display→选中 Origin Marker,如图

3-11 所示。就会出现图标 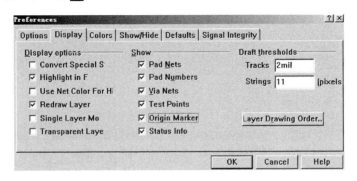 。

图 3-11　显示当前原点的设置方法

4．规划电路板(选择 Keepout Layers,利用画线的方法按照要求的长和宽规划出电路板的电气边界)。

5．恢复绝对原点。Edit→Origin→Reset。

6．加载所需的元件封装库。

7．处理二极管引脚。在知识 1 中已讲解。

8．加载网络表(Design→Load Nets)。

9．设置线宽与布线层(Design→Rules)。

10．元件自动布局与手工调整(元件较少时采用自动推开元件的方法比较好用)。

11．自动布线 Auto Route→All,单击"Route All"按钮,进行自动布线。

知识 5　补泪滴

在电路板设计中,为了让焊盘更坚固,防止机械制板时焊盘与导线之间断开,常在焊盘和导线之间用铜膜布置一个过渡区,形状像泪滴,故常称作补泪滴(Teardrops)。

补泪滴操作过程:执行菜单命令 Tools→Teardrops。

补完泪滴的＋12 V 直流稳压电源布线结果如图 3-12 所示,为了使图中铜膜走线清晰,将图中背景颜色改为白色,Topoverlayer 层改为棕色,BottomLayer 层改为黑色。PadHole 颜色改为灰色。

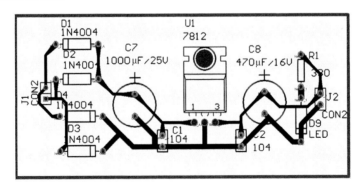

图 3-12　＋12 V 直流稳压电源电路.pcb

 项目习题

习题 3.1　无稳态多谐振荡器电路设计

任务一、无稳态多谐振荡器电路原理图设计。

要求：

1. 新建"无稳态多谐振荡器电路.sch"。

2. 加载该原理图中元件所需要的元件库,参看题3.1表原理图元件属性列表。

3. 放置元件、移动元件到合适的位置,并编辑元件。

4. 对元件进行封装。参看题3.1表中的元件封装(Footprint)。

5. 绘制原理图,ERC检查,修改错误,直到没有错误为止。

6. 生成网络表。

7. 导出"无稳态多谐振荡器电路.sch"及"无稳态多谐振荡器电路.net"到桌面文件夹下。

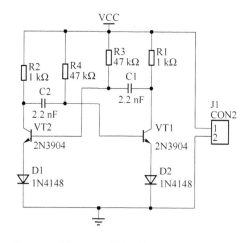

题 3.1-1 图　无稳态多谐振荡器电路原理图

题 3.1 表　无稳态多谐振荡器电路元件属性列表

Lib Ref (元件名)	元件库	Designator (元件序号)		Part Type (元件标注)	Footprint (元件封装)	元件封装库
1N4148	Sim. ddb	D1	D2	1N4148	DIODE0.4	Advpcb. ddb
2N3904	Sim. ddb	VT1	VT2	2N3904	TO−92A	Advpcb. ddb
RES2	Miscellaneous Devices. ddb	R1	R2	1 kΩ	AXIAL0.3	Advpcb. ddb
RES2	Miscellaneous Devices. ddb	R3	R4	47 kΩ	AXIAL0.3	Advpcb. ddb
Cap	Miscellaneous Devices. ddb	C1		0.33 μF	RAD0.1	Advpcb. ddb
Cap	Miscellaneous Devices. ddb	C2		0.01 μF	RAD0.1	Advpcb. ddb
CON2	Miscellaneous Devices. ddb	J1		CON2	HDR1X2	Headers. ddb

任务二、无稳态多谐振荡器单层电路 PCB 图设计。

要求：

1. 新建"无稳态多谐振荡器.pcb"。

2. 加载元件封装库，这里只需要加载 Advpcb. ddb、Headers. ddb 元件封装库，Advpcb. ddb 元件封装库，一般不需要加载，该库系统默认。

3. 规划电路板。

4. 放置二极管元件封装，并将标号及注释与原理图中一致，更改管脚号：A 改为 1，B 改为 2。否则加载网络表会出现四个错误（二极管的管脚找不到，就是因为二极管管脚在原理图中与在 PCB 中管脚号不一致）。

5. 加载网络表。

6. 对设计规则中的层及线宽进行设置。单层布线及顶层 Not Used（不使用），底层采用 Any（任何方向布线）；线宽设置：信号线宽设置为 30 mil，地线与电源线设置为 50 mil。

7. 元件布局合理，为了使铜膜走线清晰，参考题 3.1-2 图中颜色设置有关颜色。

8. 自动布线、手动调整布线。

9. 补泪滴（参考题 3.1-2 图）。

10. 导出"无稳态多谐振荡器.pcb"到桌面文件夹下。

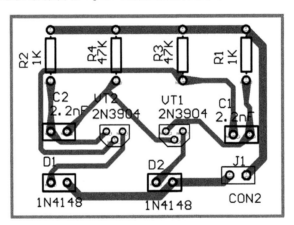

题 3.1-2 图　无稳态多谐振荡器 PCB 图

习题 3.2　倒车蜂鸣器电路设计

任务一、按照题 3.2 图，绘制倒车蜂鸣器电路原理图。

要求：

1. 新建"倒车蜂鸣器电路.sch"。

2. 加载该原理图中元件所需要的元件库，参看题 3.2 表原理图元件属性列表。

3. 放置元件、移动元件到合适的位置，并编辑元件。

4. 对元件进行封装。参看题 3.2 表中的元件封装（Footprint）。

5. 绘制导线。

6. 生成网络表。

7. 导出"倒车蜂鸣器电路.sch"及"倒车蜂鸣器电路.net"到桌面文件夹下。

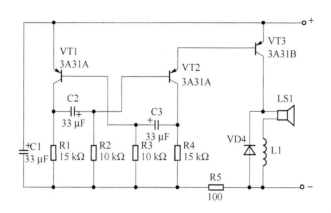

题 3.2 图 倒车蜂鸣器电路

题 3.2 表 倒车蜂鸣器电路属性列表

Lib Ref	元件库	元件序号	元件标注	Footprint 元件封装	元件封装库
1N4148	Sim. ddb	VD4	1N4148	DIODE0. 4	
PNP	Miscellaneous Devices. ddb	VT1、VT2、VT3	3A31A 3A31B	TO－92A	
RES2	Miscellaneous Devices. ddb	R1 R4	15 kΩ	AXIAL0. 3	
RES2	Miscellaneous Devices. ddb	R2 R3	10 kΩ	AXIAL0. 3	
RES2	Miscellaneous Devices. ddb	R5	100	AXIAL0. 3	Advpcb. ddb
ELECTRO1	Miscellaneous Devices. ddb	C1,C2、C3	33 μF	RB. 2/. 4	
SPEAKER	Miscellaneous Devices. ddb	LS1		SIP2	
INDUCTOR	Miscellaneous Devices. ddb	L1		AXIAL0. 3	

任务二、绘制倒车蜂鸣器单层电路 PCB 图。

要求：

1. 新建"倒车蜂鸣器电路.pcb"。

2. 加载元件封装库,这里只需要加载 Advpcb. ddb、Headers. ddb 元件封装库,Ad-vpcb. ddb 元件封装库,一般不需要加载,该库系统默认。

3. 规划电路板。

4. 放置二极管元件封装,并将标号及注释与原理图中一致,更改管脚号:A 改为 1,B 改为 2。否则加载网络表会出现四个错误(二极管的管脚找不到,就是因为二极管管脚在原理图中与在 PCB 中管脚号不一致)。

5. 加载网络表。

6. 对设计规则中的层及线宽进行设置。单层布线及顶层 Not Used(不使用),底层采用 Any(任何方向布线);线宽设置:信号线宽设置为 30 mil,地线与电源线设置为 50 mil。

7. 元件布局合理。

8. 自动布线、手动调整布线。

9. 补泪滴。

10. 导出"倒车蜂鸣器电路.pcb"到桌面文件夹下。

习题 3.3　LM317 构成的将正负 12 V 转成正负 5 V 电路设计

任务一、绘制题 3.3 图原理图。

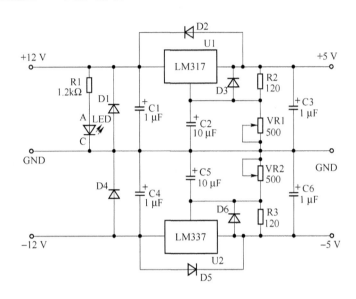

题 3.3 图　LM317 构成的将正负 12 V 转成正负 5 V 电路

题 3.3 表　LM317 构成的将正负 12 V 转成正负 5 V 电路元件属性列表

Lib Ref	元件库	元件序号	元件标注	Footprint 元件封装	元件封装库
LM317、LM337	TI Databooks. ddb	U1、U2	LM317、LM337	TO220H	Transistors. ddb
LED	Miscellaneous Devices. ddb	LED		DIODE0. 4	
DIODE	Miscellaneous Devices. ddb	D1、D2、D3、D4、D5、D6		DIODE0. 4	
ELECTRO1	Miscellaneous Devices. ddb	C1　C3　C4　C6	1 μF	RB. 2/. 4	Advpcb. ddb
ELECTRO1	Miscellaneous Devices. ddb	C2、C5	10 μF	RB. 2/. 4	
RES1	Miscellaneous Devices. ddb	R1　R3	120	AXIAL0. 3	
POT1	Miscellaneous Devices. ddb	VR1　VR2	500	VR5	

任务二、根据题 3.3 图通过自动布线绘制单面电路板图。要求：电源线与地线线宽为 50 mil，信号线线宽为 20 mil。

习题 3.4　电话监控器电路设计

请根据电路原理图题 3.4 图自行绘制出单面印刷电路板图。电路板为矩形，长 2 000 mil，宽 2000 mil，单层板设计，自动布线。在自动设计规则中，设置所有网络的走线线宽都为 30 mil。二极管整流桥的封装采用 D—37（在 International Rectifiers. ddb 库中）；电阻的封装采用 AXIAL0. 4；电容 C1 的封装采用 RAD0. 4；电容 C2 、C3 的封装采用 RB. 3/. 6；电容 C4 、C6 的封装采用 RB. 2/. 4；电容 C5 的封装采用 RAD0. 2；扬声

器封装采用 SIP2;二极管的封装采用 DIODE0.4;集成电路的封装采用 DIP8 。放置两个
焊盘,作为输入信号的引入,并把它们接入相应的网络中。请特别注意二极管元件的管脚
编号不一致问题,要求在 PCB 元件编辑器中,对二极管的封装进行修改。

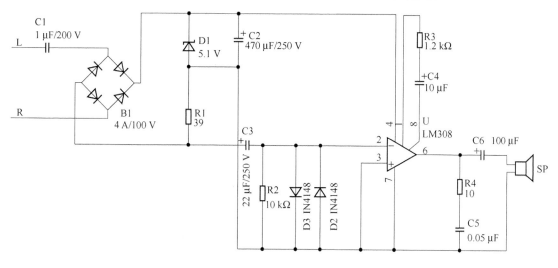

题 3.4 图　电话监控器电路

习题 3.5　正负直流稳压电源电路设计

任务一、按照题 3.5 图,画出正负直流稳压电源电路原理图。

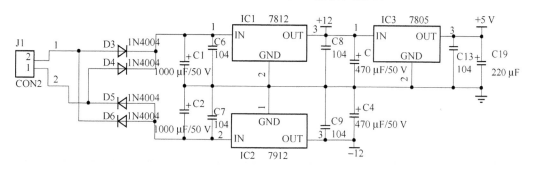

题 3.5 图　正负直流稳压电源电路原理图

题 3.5 表　正负直流稳压电源电路元件属性列表

Lib Ref (元件名)	元件库	Designator (元件序号)	Part Type (元件标注)	Footprint (元件封装)	元件封装库
1N4004	Sim. ddb	D1 、D2、D3 、D4	1N4004	DIODE0. 4	Advpcb. ddb
ELECTRO1	Miscellaneous Devices. ddb	C1、C2	1 000 μF/25 V	RB. 2/. 4	Advpcb. ddb
ELECTRO1	Miscellaneous Devices. ddb	C3、C4	470 μF/16 V	RB. 2/. 4	Advpcb. ddb
ELECTRO1	Miscellaneous Devices. ddb	C19	220 μF	RB. 2/. 4	Advpcb. ddb
CAP	Miscellaneous Devices. ddb	C6、C7、C8、C9	104 104	RAD0. 1	Advpcb. ddb
VOLTREG	Miscellaneous Devices. ddb	IC1,IC2,IC3	7812、7912、7805	TO220H	Transistors. ddb
CON2	Miscellaneous Devices. ddb	J1	CON2	HDR1X2	Headers. ddb

任务二、绘出正负直流稳压电源电路 PCB 图。要求单层布线。

习题 3.6 需要制作元件封装的直流稳压电源（已制作好）

任务一、绘出原理图。

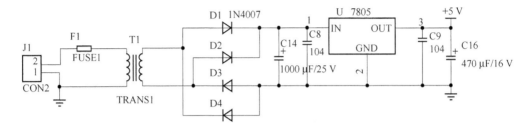

题 3.6 -1 图 直流稳压电源原理图

任务二、自动布线绘出单层电路板图(F1 及 T1 均无现成的元件封装，同学们参看题 3.6 -2 图、题 3.6 -3 图，创建元件封装库，制作元件封装）。

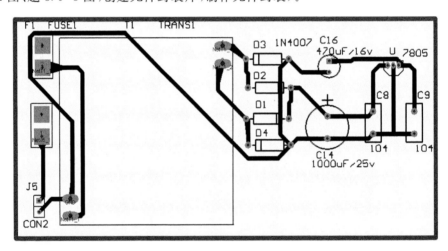

题 3.6 -2 图 直流稳压电源 PCB 图

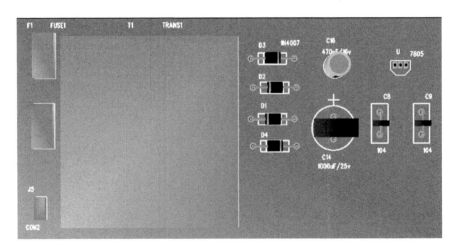

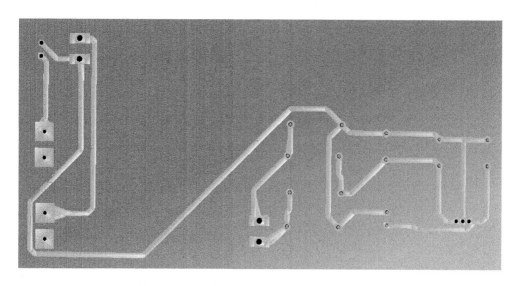

题 3.6-3 图　直流稳压电源 PCB 图 3D 显示结果

习题 3.7　单键触摸式灯开关电路设计

任务 1、按照题 3.7 图,画出单键触摸式灯开关电路原理图。

题 3.7 表　单键触摸式开关电路元件属性列表

Lib Ref	元件库	元件序号	元件标注	Footprint 元件封装	元件封装库
CD4013B	NEC Databooks. ddb	U1A　U1B	CD4013B	DIP14	Advpcb. ddb
DIODE	Miscellaneous Devices. ddb	D1、D2、D3 、D4	IN4004	DIODE0. 4	
ZENER1	Miscellaneous Devices. ddb	D5		DIODE0. 4	
LED	Miscellaneous Devices. ddb	D6	LED	DIODE0. 4	
SCR	Miscellaneous Devices. ddb	VS	MCR100-8	TO-92A	
ELECTRO1	Miscellaneous Devices. ddb	C3	47 μF/16 V	RB. 2/. 4	
CAP	Miscellaneous Devices. ddb	C1　C2	0. 01 μF、0. 02 μF	RB. 2/. 4	
RES2	Miscellaneous Devices. ddb	R1　R3 R2　R4 R5	5. 1 M 2 M 20 kΩ 82 kΩ 1 W	AXIAL0. 3	
LAMP	Miscellaneous Devices. ddb	L	220 V 小于 100 W	VR5	
FUSE1	Miscellaneous Devices. ddb	FUSE1	1A	自制 (根据实物)	自己创建 元件库

任务二、自动布线绘出单层电路板图。

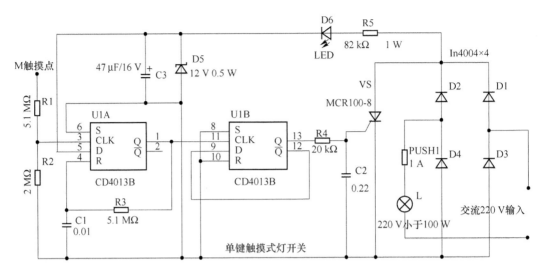

题 3.7 图　单键触摸式开关电路

习题 3.8　声光控制楼道灯电路设计

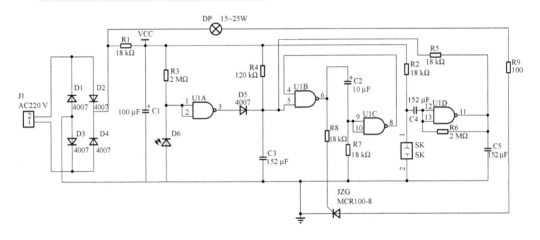

题 3.8 图　声光控制楼道灯电路

　　任务一、对于元件库中没有的元件符号 D6 和 SK，参看基础项目 0.3，自建元件库，绘制元件符号，添加自建的元件库。

　　任务二、按照题 3.8 图，绘制声光控制楼道灯电路图。

　　任务三、分别采用手工绘制 PCB 图、自动绘制单面电路板图。

实训项目 4　交通信号灯电路原理图设计

 项目描述

　　该项目有两个任务:任务一是利用 Protel 99SE 软件,自建元件库,创建 DPY_7－SEG_DP(数码管)元件符号和 AT89C2051(单片机)元件符号;使用绘图工具,绘制具有复合式元件的电路原理图;对电路原理图中各个元件的属性作相应的编辑,对元件进行封装,生成网络表。任务二是自建元件封装库,创建元件封装;新建 PCB 文件,加载网络表;对元件自动布局,手工调整,通过自动布线绘制相应的双面印制线路板图,并保存文件。

 项目目的

　　1. 进一步熟练掌握绘制原理图的方法步骤。
　　2. 自建元件库,对于现存元件库中没有的元件,能自建元件符号。导出元件库文件,并在原理图中加载自建的元件库文件。
　　3. 用原理图绘制工具绘制具有复合式元件的电路原理图。
　　4. 绘制具有总线结构的电路原理图。
　　5. 能根据实物对元件进行正确的封装,生成网络表。
　　6. 会创建元件封装库中没有的元件封装。导出元件封装库,并在绘制 PCB 文件时加载自建元件封装库文件。
　　7. 能根据要求规划电路板。
　　8. 会将地线、电源线和信号线线宽及布线层进行设置。
　　9. 对于不理想的布线会拆除重新进行布线。
　　10. 掌握自动布线绘制双面印制线路板图绘制的具体步骤。

 仪器设备

　　计算机、WINDOWS98/2000/XP 环境、PROTEL 99 SE 软件。

 项目内容

任务 4.1　绘制原理图

【要求】

1. 自建元件库 Myschlib1.lib,自制数码管元件符号,命名为 DPY_7－SEG_DP,元件描述缺省值为 L?;自制单片机元件符号,命名为 AT89C2051,元件描述缺省值为 U?;

2. 会加载自建的元件库 Myschlib1.lib。

3. 使用绘图工具,按照下图 4-1 交通信号灯电路原理图绘制电路原理图。

4. 对电路原理图中各个元件进行合适的封装。生成网络表文件。

5. 导出原理图库文件 Myschlib1.lib、原理图文件、网络表文件到指定的文件夹下。

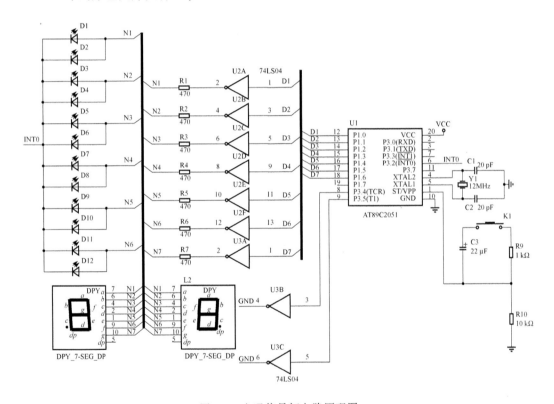

图 4-1　交通信号灯电路原理图

表 4-1　交通信号灯电路原理图元件属性列表

元件名称（Lib Ref）	元件序号	元件标注	元件所属 SCH 库	元件封装符号	元件封装库
AT89C2051	U1	ATC89C2051	Myschlib1.Lib(自建)	DIP20	Advpcb.ddb
DPY_7－SEG_DP	L1、L2	DPY_7－SEG_DP	Myschlib1.Lib(自建)	SHUMA	PCBLIB1.LIB 自制

续 表

元件名称 (Lib Ref)	元件序号	元件标注	元件所属 SCH 库	元件封装符号	元件封装库
CAP	C1、C2	20 pF		RAD0.1	
ELECTRO1	C3	22 μF		RB.2/.4	
LED	D1～D12	LED	Miscellaneous	DIODE0.4	
CRYSTAL	Y	12 MHz	Devices.ddb	RAD0.1	Advpcb.ddb
RES2	R1～R7	470		AXIAL0.3	
RES2	R9、R10	1 kΩ、10 kΩ		AXIAL0.3	
74LS04	U2、U3	74LS04	Sim.ddb	DIP14	

【实施】

操作步骤：

1. 自建元件库 Myschlib1.lib。创建元件符号 DPY_7-SEG_DP 和 AT89C2051。

2. 新建"交通信号灯电路.sch"。

3. 放置总线及总线入口,及放置网络标号。

4. 绘制原理图进行元件封装。按照表 4-1 进行正确封装。

5. 分别导出自建的元件库"Myschlib1.lib"、"交通信号灯电路.sch"原理图文件及网络表文件"交通信号灯电路.net"到 F 盘"电路设计"文件夹下。

考核标准：

1. 按照要求在计算机上自建元件库,正确自制元件符号。（30 分）

2. 在原理图环境下,正确加载自制元件库,放置自建的元件符号。（20 分）

3. 按要求绘制原理图,放置总线、总线入口及网络标号。（30 分）

4. 正确放置电源、地。（10 分）

5. 正确导出自建元件库、原理图文件及网络表文件。（10 分）

实训报告书写：

1. 在报告上写出完成自建元件库,正确自制元件符号。

2. 写出如何加载自建的元件库;如何放置自建元件。

3. 写出如何放置总线、总线入口及网络标号。

4. 打印已经绘制完成的电路原理图。

【所需知识】

知识 1 自建原理图库文件、绘制元件符号

◆ 自建元件库

1. 新建数据库文件:双击 Protel 99 SE 图标,启动 Protel 99 SE,用鼠标左键单击 File→New,新建数据库文件"MyDesign.ddb"。

2. 新建原理图库文件:双击"MyDesign.ddb"文件下的 Document,用鼠标左键单击

File→New 或在工作窗口空白处单击鼠标右键,在弹出的快捷菜单中选择 New。在新建文件对话框中选择原理图文件类型图标▣后(如图 4-2 所示),单击"OK"按钮,如图 4-3 所示,新建一个原理图库文件,新建原理图库文件名为"Myschlib1.Lib"。在图 4-3 中,双击库文件图标,就会进入原理图库文件编辑界面,如图 4-4 所示。

图 4-2　新建原理图库文件对话框　　　　图 4-3　新建原理图库文件图标

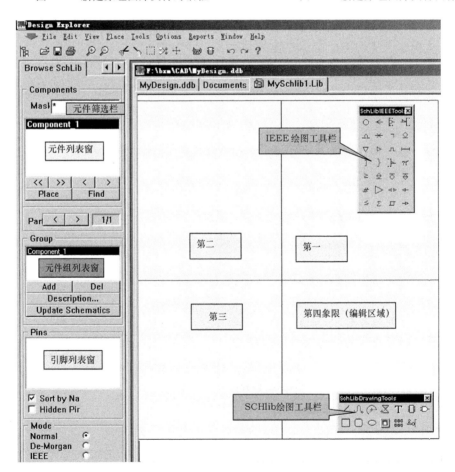

图 4-4　原理图库文件编辑界面

◆　绘制元件符号

通过复制库中相近元件符号,进行修改绘制新的元件符号。

1. 修改的原因

实际数码管及引脚如图 4-5 所示。

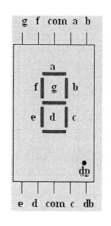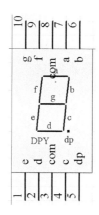

图 4-5　实际数码管及其引脚排列

在 Protel 99 SE 软件"Miscellaneous Devices. lib"元件库里的数码管"DPY_7－SEG_DP"符号如图 4-6 所示。在实际中是不能使用的,因为图 4-6 所示的数码管符号与实际数码管引脚(如图 4-5 所示)不相符合。一是少了两个引脚 com,二是引脚序号不对应。将图 4-6 所示的管脚修改为图 4-7 所示的管脚。

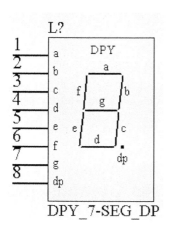

图 4-6　Protel 99 SE 元件库的七段数码管

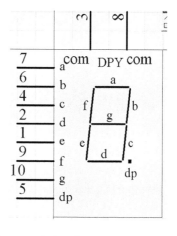

图 4-7　设计电路图所需的七段数码管

元件库里的数码管段码 a,b,c,…,g 和小数点 dp 的引脚号与实际不符,而且没有com 公共端。因此需要复制、修改"Miscellaneous Devices. lib"元件库里的数码管,绘制满足本项目需要的数码管。

2. 复制及粘贴元件的步骤

找到元件→选中→复制→取消选中→粘贴。

A. 找到相近的元件：可以通过过滤方法或利用 Find 查找元件的方法，找到相近的元件。

【通过过滤方法】在原理图库文件编辑界面，执行菜单命令"File→Open"，打开"Design Explorer 99 SE\ Library\Sch\Miscellaneous Device. ddb"数据库，双击"Miscellaneous Device. ddb"图标，进入 SCHLib 编辑状态，在元件列表窗中右边移动滑条，找到 DPY_7－SEG_DP，或直接在"Mask"栏中通配符"＊"前输入"DPY_7－SEG_DP"，注意不要去掉栏中通配符"＊"号。编辑区内将最大显示该元件，按快捷键"Pg Dn"，或单击主工具栏的 🔎，适当缩小编辑区。

【利用 Find 查找元件的方法】在原理图库文件编辑界面的元件列表窗下，单击"Find"按钮，输入要查的相近元件符号在原理图库中的名称 DPY_7－SEG_DP，然后单击右下方的"Find Now"按钮，就会找到相近的元件 DPY_7－SEG_DP。利用 Find 查找元件后，单击其下方的"Edit"按钮，就会找到"Miscellaneous Device. lib"元件库里的数码管 DPY_7－SEG_DP。

B. 选中：在 SCHLib 编辑状态中找到了 DPY_7－SEG_DP 符号后，适当缩小编辑区，用鼠标左键框住该元件，该元件符号均变成黄色，即该元件被选中。或执行菜单命令"Edit→Select→All"，或单击主工具栏的选择区域符号 ⬚，全部选中该元件，直到所有组件都变成统一颜色为止。注意一定要确保所有元件的组件都处于选中状态。

C. 复制：单击菜单 Edit→Copy，或直接在键盘上先后按"E"、"C"键，或者点击键盘上的"Ctrl＋C"组合键，出现十字架，在编辑区十字架中心处单击，在选择的该元件上单击一下，将元件复制到剪贴板中然后，关闭该界面，不保存。且以中心作为参考点，同时光标的十字架立即消失。注意一定要及时对该元件撤销选中，否则将会改变原有的元件库。这里只要马上单击主工具栏的 ⬚ 按钮或执行菜单命令"Edit→D eselect→All"即可。

注意事项：

（1）在 SCHlib 环境区域中，如果要复制的元件符号是集成芯片，选中这个集成元件符号之前，一定不要忘了把集成芯片元件符号中隐藏的电源引脚显示出来，否则复制来的集成芯片元件符号缺少电源引脚。

（2）元件符号的复制必须是原理图库中的内容复制到原理图库环境中，而原理图环境中的内容不能复制到原理图库环境中。

（3）每次复制时，都必须要以十字架中心为参考点。因为 Protel 99 SE 软件要求每次复制时必须要有一个参考点，而且元件编辑时要求元件必须位于第四象限靠近中心点。否则将会给该元件的放置和绘图带来不便。

D. 粘贴：回到"Myshlib1. Lib"库的元件编辑窗口。点击键盘"Ctrl＋V"，或执行菜单命令"Edit→Paste"，或在主菜单 ✎ 图标上单击一下立即出现十字架拖一个元件，将光标移到在编辑区内的十字架中心，单击左键，完成元件的复制。必须将复制的元件放在"Myshlib1. Lib"库的元件编辑窗口的第四象限，注意一定要复制到第四象限。

E. 取消选中：单击主工具栏 ⬚ 图标，就会取消选中。或执行菜单命令"Edit→Deselect→All"撤销元件的选中状态。

F. 改名：在"Myshlib1. Lib"库元件编辑窗口，单击主菜单 Tools→Rename Compo-

nent,将会出现图 4-8 所示的元件改名对话框。将默认的第一个元件的元件名 Compo-
nent_1 更改为 DPY_7-SEG_DP。或者在 SCH lib 绘图工具栏上单击添加新元件按钮
▯,命名为"DPY_7-SEG_DP"。

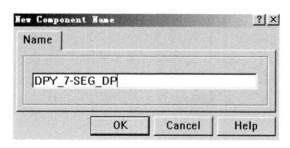

图 4-8 元件改名对话框

◆ 编辑元件引脚：

1. 修改元件引脚：

在元件编辑窗口,撤销元件的选中状态后。双击元件的引脚 a,如图 4-9 所示。修改
元件引脚属性,将"Number"栏改为"7",其余栏不改变(注意最上面的"Show"框中不要选
中,否则将出现两个 a,因为有一个 a 是用字符串工具写上的)。用同样方法,修改完所有
的引脚序号。

对话框中主要选项含义是：

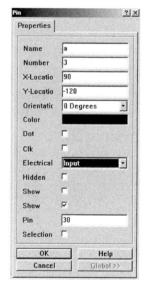

"Name"栏是要填入的引脚名字。一般为字符串,如 a、b、c、
BO、CO 等,也可以是数字,甚至空白。若要在引脚名上放置上
画线,表示该引脚低电平有效,可使用字符"\"来实现。其中 $\overline{CT}$
在 Name(引脚名)处应输入 C\T\,$\overline{LE}$ 在 Name 处应输入 L\E\,
选中最上面的"Show"的复选框,显示引脚名字,否则将会隐藏。
本项目中所有引脚都选中这个"Show"的复选框。

"Number"栏表示的是引脚序号,一般用数字,如 1、2、3 等,
但不能重复,每个引脚必须有,因为从原理图更新到 PCB 图就是
通过元件序号与 PCB 元件封装的焊盘序号建立——对应关系
的,故不能省略。但也可以用字符串。选中最下面的"Show"的
复选框,显示引脚序号,否则将会隐藏。本项目中所有引脚都选
中这个"Show"的复选框。

图 4-9 修改元件属性
对话框

"Dot"复选框表示的是引脚是否具有反向标志(负逻辑标
志)。对于集成电路中低电平有效的输入端,一般会使该项被选
中。当该项选中时,在引脚非电气端将出现一个小圆圈。本项目中的 $\overline{CT}$ 和 $\overline{LE}$ 引脚选中
此项。

"Clk"复选框表示的是引脚是否具有时钟标志,对于集成电路中时钟等输入引脚,一
般会使该项被选中。当该项选中时,在引脚非电气端将出现一个">"。本项目中的 CPD
和 CPU 引脚选中此项。

"Electrical"栏是选择引脚电气性质。一共有 8 种选择：Input 表示输入引脚；IO 表示输入/输出引脚，双向；Output 表示输出引脚；Open Collector 表示集电极开路输出；Passive 表示被动引脚，当引脚的输入/输出特性不能确定时，可定义为被动特性。一般对于不易判断电气特性的引脚均选择"Passive"，如电阻、电容、电感、三极管等分立元件的引脚；HiZ 表示三态，输出；Open Emitter 表示发射极开路输出；Power 表示电源引脚；知道电气特性引脚的直接在下拉选项中选中，特别是集成芯片中隐藏的电源和地引脚，必须将"Electrical"栏选为"Power"属性，否则电路图绘制中很容易遗忘连线，导致出现错误，而明确选为"Power"属性后，则该引脚的名称被自然默认为网络标号，将自动与电路中的同名网络相连。本项目中 a—g 引脚选择"Input"，COM 引脚都选择"Power"。

2. 绘制并编辑元件的公共接地端

由于实际数码管有两个公共端，接下来绘制公共端。单击 SCH lib 绘图工具栏上的放置引脚按钮，并按"Tab"键，修改属性，在"Name"栏里写入"com"，在"Number"栏填入"3"，最上面的"Show"框中不要选中，选中最下面的"Show"框，"Pin"栏填入"20"，表示引脚长度占两个栅格，然后单击"OK"按钮，3 引脚就完成；同样方法绘制 8 引脚，单击右键退出放置引脚状态。序号 3 和 8 引脚并没有完全绘制好，设置栅格大小，在"Snap"栏里填入"5"，单击"OK"按钮。单击 SCH lib 绘图工具栏上的放置字符串按钮 **T**，或执行菜单命令"Place→Text"，光标旁出现十字架带一个虚框，按"Tab"键，在弹出框的"Text"栏填入"com"，若其框下拉选项中存在，则直接选中，不用写入。颜色"Color"栏，选黑色，字体"Font"栏单击"Change"里，在弹出框里的字体"大小"选用 8，其他栏都不用改。单击"OK"按钮后移动光标到序号 3 引脚下方的方块里，单击左键，又到序号 8 引脚下方的方块里，单击左键，然后单击右键退出放置字符串状态。

3. 隐藏元件的公共接地端

3 引脚和 8 引脚中的 Hidden 属性一定要选中，即隐藏这两个管脚，自动布线时，这两个管脚才能连上线。于是绘制好的数码管如图 4-10 所示。

自制 AT89C2051 符号图的方法与自制"SHUMA"的方法一致。在 SCH lib 绘图工具栏上单击添加新元件按钮，命名为"AT89C2051"，如图 4-11 所示。可以通过复制8051 的方法进行修改。

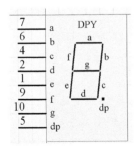

图 4-10　绘制好的 DPY_7—SEG_DP 符号图

图 4-11　新建元件名为"AT89C2051"

◆　定义元件属性

单击元件管理器中的"Description"按钮,系统将弹出元件文本设置对话框,如图 4-12 所示,设置"Default Designator"栏为"L?"(元件默认编号),"Footprint"栏为"SHUMA", 也可以在"Description"栏中填入"数码管",单击"OK"按钮确定,完成的元件符号如图 4-10所示。

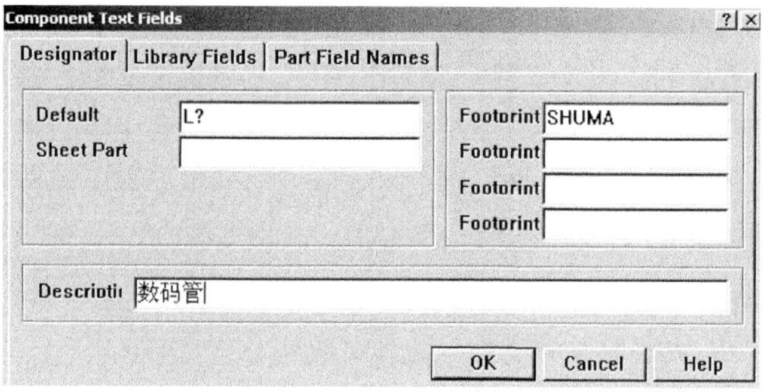

图 4-12　元件文本设置对话框

◆　保存"Myschlib1. Lib"到 F 盘"电路设计"文件夹下。

知识 2　加载自建的原理图库文件

1. 新建原理图文件"交通信号灯电路 . sch",进入原理图编辑界面。

2. 加载新建的"Myschlib1. Lib"文件,同加载现存的元件库文件的方法一样,只是位置不同而已。单击主工具栏中的 图标,弹出 Change Library File List 后,查找到该库文件的保存位置("Myschlib1. Lib"保存在 F 盘"电路设计"文件夹下)。注意:一定要将文件的扩展名命名为 .lib 才能找到要添加的"Myschlib1. Lib"文件,双击该文件图标,或者单击该文件图标,单击"Add"按钮,添加自建的"Myschlib1. Lib"原理图库文件。

3. 放置元件序号 L1、L2 及 U1。

知识 3　放置总线、总线入口及网络标号

1. 总线的组成

总线是由数条性质相同导线组成的线束。总线包括总线(Bus)本身和总线入口(Bus Entry),总线入口(Bus Entry)是单一导线进出总线的端点,是总线和导线的连接线。而由总线接出的各个单一导线上必须放置网络标号。具有相同网络标号的导线表示实际连接在一起。可利用网络标号代替实际走线。总线、总线入口、网络标号如图 4-13 所示。

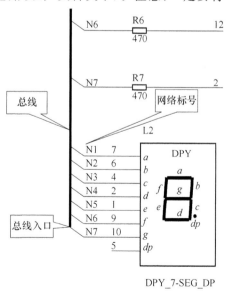

DPY_7-SEG_DP

图 4-13　总线、总线入口、网络标号

147

2. 总线、总线入口及网络标号的作用

当多条导线并行连接时,合理地使用总线结构,可使图简洁、明了。总线入口没有任何的电气连接意义,只是让电路图看上去更专业而已。

3. 总线与导线的区别

总线比导线粗一点,但它与导线有本质上的区别。导线有电气意义,总线本身没有实质的电气连接意义,必须由总线接出的各个单一导线上的网络标号(Net Label)来完成电气意义上的连接,所以如果没有导线上的网络标号,总线就没有电气意义。具有相同网络标号的导线表示实际电气意义上的连接。而由总线接出的各个单一导线上必须放置网络标号,导线上可以放置网络标号,也可以不放。普通导线上一般不放网络标号。

4. 放置总线的方法

单击画电路图工具栏 Writing Tools 内的图标 或执行菜单命令"Place→Bus",启动画总线(Bus)命令,按照导线的绘制方法即可绘制总线。

5. 放置总线入口的方法

执行菜单命令"Place→Bus Entry"或单击 Writing Tools 画电路图工具栏内的 图标,就启动画总线入口命令,光标将变成十字。将光标移到所要放置总线入口的位置,表示移到了合适的放置位置,单击即可完成一个总线入口的放置,光标上出现一个圆点。单击左键可继续放置,在放置过程中,按空格键总线入口的方向将逆时针旋转 $90°$,按 X 键总线入口左右翻转,按 Y 键总线入口上下翻转。画完所有总线入口后,单击右键,即可结束画总线入口状态,光标由十字变成箭头。

6. 放置网络标号的方法

单击画电路图工具栏内的 图标或执行菜单命令"Place→Net Label",启动放置网络名称(Net Label)命令。放置网络标号的操作步骤如下:

a) 放置一个网络标号

启动放置网络标号命令后,将光标移到放置网络标号的导线,光标上产生一个小圆点,表示光标已捕捉到该导线,单击即可放置一个网络标号。

b) 连续放置网络标号

将光标移到其他需要放置网络标号的地方,继续放置网络标号。在放置过程中,如果网络标号的头、尾是数字,则这些数字会自动增加。如当前放置的网络标号为 N1,则下一个网络标号自动变为 N2;同样,如果当前放置的网络标号为 1N,则下一个网络标号自动变为 2N。单击右键结束放置网络标号状态。

c) 编辑网络标号

在放置过程中按 Tab 键或通过双击放置好的某一网络

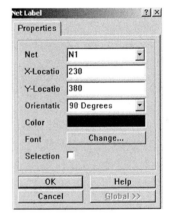

图 4-14　设置网络名称
属性对话框

标号来设置网络标号属性对话框,如图 4-14 所示。在该对话框中,可修改网络标号、网络标号所放置的 X 及 Y 坐标值、网络标号放置方向、文字颜色、字体等内容。

知识 4 导出原理图库文件、原理图文件、网络表文件文件

绘制出原理图文件"交通信号灯电路. sch"后,经过检查,执行"Design"菜单下的"Create Netlist"命令,自动生成网络表"交通信号灯电路. net"文件。在原理图文件下,先单击主工具栏中的磁盘标志,然后,选择左边的窗口为 Explorer 工作窗口,在要导出文件(变成灰色的原理图文件)的图标上单击右键,选择 Export 命令,就可以导出到所需要的文件夹下。注意扩展名不能改变,必须是 sch(代表原理图文件)。导出"交通信号灯电路. net"文件、原理图库文件"Myschlib1. lib"的方法与导出"交通信号灯电路. sch"文件的方法一样。

任务 4.2 自动布线绘制双面 PCB 图

【要求】

1. 新建 PCB 文件"交通信号灯电路. pcb"。
2. 规划电路板,板的尺寸为 2 360 mil×2 350 mil。
3. 创建元件封装库,制作元件库中没有的元件封装 SHUMA。导出元件封装库,并在绘制 PCB 文件时使用自建元件封装库文件。
4. 会拆除不理想的布线,进行重新布线。
5. 设置电源线线宽为 30 mil 及布线层为顶层。地线线宽为 15 mil 及布线层为底层。
6. 掌握自动布线绘制双面印制线路板图的具体步骤。

【实施】

操作步骤:

1. 在数据库"MyDesign1. ddb"文件的 Document 下,创建"交通信号灯电路. pcb"。
2. 创建元件封装库,制作数码管元件封装。
3. 设置当前原点:执行菜单命令 Edit/Origin/Set。移动光标至要设为原点的坐标位置,单击左键将该坐标点设为当前原点。
4. 规划电路板:将当前工作层选为 Keep out layer,按照板长 2 360 mil,板宽 2 350 mil,利用 Placement Tools 工具栏中的 ≋ 画线工具定义一个矩形轮廓,即绘制了电路板的电气边界。如果不合适,布局好后还可以根据实际情况进行调整。用同样的方法在 Mechanical1 层绘制电路板的物理边界。
5. 恢复绝对原点。执行菜单命令 Edit/Origin/Reset 恢复绝对原点。
6. 加载所需的元件封装库(包括自建的元件封装库)。
7. 根据任务要求设置线宽、设置布线层。
8. 加载网络表,元件布局,自动布线手工调整。

考核标准：

1. 创建元件封装库,制作元件封装。(20 分)

2. 对原理图中的元件进行正确封装,生成网络表。(10 分)

3. 按照要求新建 PCB 文件,新建的位置合适,命名合乎要求。(5 分)

4. 设置相对原点,规划电路板电气边界所在的层选择正确,板的尺寸大小合乎要求。恢复绝对原点。(5 分)

5. 正确添加所需的元件封装库,加载网络表,元件布局合理。(20 分)

6. 设置信号线布线层为顶层和底层,顶层垂直布线、底层水平布线。地线设置为底层布线、电源线设置为水平布线。对线宽进行设置:电源和地线线宽设置为 30 mil,信号线宽设置为 15 mil。(20 分)

7. 对电路进行自动布线,手工调整。(20 分)

实训报告书写：

1. 在报告上写出如何创建元件封装库,如何制作元件封装。

2. 写出如何加载自己创建的元件封装库。

3. 如何设置双层布线,改变布线方式;如何设置电源线与地线的布线方式?

【所需知识】

知识 1　创建 PCB 库文件、制作元件封装

一、创建 PCB 库文件

同新建原理图库文件一样,只是选择图 4-15 中 PCB Library Document 图标。双击该图标或者点击该图标后再单击"OK"按钮,就会出现默认的 PCB 元件封装库文件名 PCBLIB1.LIB,如图 4-15 所示。

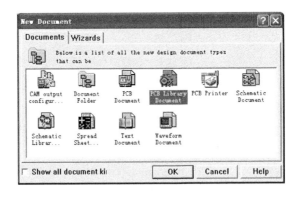

图 4-15　新建 PCB 库文件

二、制作元件封装

制作元件封装可以通过手工制作新的元件封装、使用向导制作元件封装、修改库中已有的元件封装图形符号制作元件封装。本例中只采用最后一种方法。步骤如下:

第一步:在与新建的 PCB 库文件 PCBLIB1.LIB 相同的设计数据库下,新建 PCB 文件,将元件封装库中相近的元件封装 DIP16 放入 PCB 文件下。

　　第二步:选中这个相近的元件封装符号。按住鼠标左键将该元件框起来,该元件封装就会变成黄色,处于选中状态。

　　第三步:复制。单击菜单 Edit→Copy,然后在选中的元件上单击一下,该元件即被复制。

　　第四步:粘贴。回到 PCB 元件封装库 PCBLIB1. LIB 文件下,然后单击主工具栏上的 ↖,在第四象限原点附近,单击左键,就会将该元件粘贴到 PCB 元件封装库 PCBLIB1. LIB 文件下,进行修改。如图 4-16 所示。

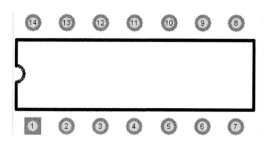

图 4-16　粘贴 DIP16 到 PCBLIB1. LIB 文件下

　　技巧:PCB 中的元件封装不仅可以直接复制到元件封装编辑环境,也可以从元件封装库编辑环境进行复制。复制时通常采用前者,快捷一些。

　　第五步:修改封装轮廓。设置参考点,执行菜单命令"Edit→Set Reference"选择"Location",单击引脚 1,观察左下角的 X、Y 坐标状态。根据数码管的轮廓大小 780 mil×520 mil 调整边框线,启动拖拉命令,执行菜单命令"Edit →Move→Drag",光标上出现一个十字架,光标移到导线上单击左键,导线立即粘在光标上,随着光标平移。拖动右边的竖线,观察状态栏,使之坐标 X 为 460 mil,同样拖动左边竖线使之坐标 X 为 −60 mil,拖动下边横线使之坐标 Y 为 −90 mil,拖动上边横线使之坐标 Y 为 690 mil,最后拖动半圆环至两竖线相连。如果操作过程中很难拖动到这样的坐标,可以设置捕获网格,则执行菜单命令"Tools→Library…",在 Options 选项中的 Snap X 和 Snap X 栏填入 10 mil,或单击主工具栏上的 ⊞ 按钮,将 Snap 栏改为 10 mil。改变封装轮廓后如图 4-17 示。执行菜单命令"Reports→Measure Distance"对修改的元件封装轮廓进行距离检查。

　　第六步:修改焊盘。数码管元件只用轮廓内的 10 个焊盘,删去轮廓外多余的 6 焊盘。对上面 5 个"12−16"号焊盘逐一双击左键,进行属性修改,主要是修改焊盘的序号,使之序号相应变为"6−10",在属性栏中单击"Global"按钮,进行全局修改,将全部焊盘外径改为 65 mil。创建好的数码管封装如图 4-18 所示。

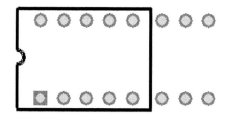 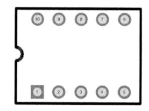

图 4-17　改后的元件封装轮廓　　　　图 4-18　创建好的数码管元件封装

知识 2　设置双层布线层

新建 PCB,执行菜单命令 Design→Rule,在弹出的对话框中选择 Routing 标签页,在 Rule Classes(规则分类)中选择 Routing Layers,再单击"Properties"按钮,任务二中要求设置成双面板,则将顶层设置为"Vertical",底层设置为"Horizontal"。

知识 3　加载创建的元件封装库

新建 PCB 文件后,加载自己创建的元件封装库。方法同加载 PCB 库的方法一致。提醒注意:一要在 PCB 界面上加载 PCB 库;二要注意要加载的元件封装库 PCBLIB1. LIB 所保存的位置,如本例中的 PCBLIB1. LIB 保存的位置为交通信号灯文件夹下;三要注意将文件类型选择为"∗. lib",否则,即使选择了正确的文件夹,也找不到 PCBLIB1. LIB。如图 4-19 所示。

图 4-19　加载 PCBLIB1. LIB 元件封装库

知识 4　设置电源 VCC 布线层为顶层、地线 GND 布线层为底层

1. 设置信号线布线板层:执行 Design→Rules,在弹出的对话框中选择 Routing 标签页,在 Rule Classes(规则分类)中选择 Routing Layers,在单击"Properties"按钮,本例设置为双面板,则将顶层设置为"Vertical",底层设置为"Horizontal"。

2. 设置电源线 VCC 与地线 GND 布线板层,在 Filter Kind 中选择 Net,在 Net 栏中选择 GND,把 Top layer 设置成 Not Used;同样的方法把 VCC 设置成顶层布线,即把 Bottom Layer 设置成 Not Used,如图 4-20 所示。也可以在放置后对它双击左键,点击相应导线进行属性全局设置,在"Layer"栏进行选择。

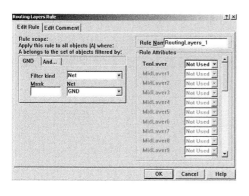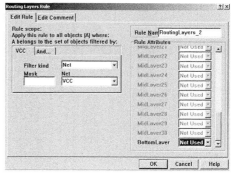

图 4-20　设置地线 GND 布线层为底层、电源 VCC 布线层为顶层

知识 5　拆除布线

如果整个布线不理想,想要拆除原来的布线,最简单的方法就是执行拆除布线菜单命令 Tools→Un－Route→All,拆除整个布线。

如果某条布线不理想,想要拆除某条线,执行拆除某个连接布线菜单命令 Tools→Un－Route→Connection,点击某个连接就会拆除该连接。

如果某个网络布线不理想,想要拆除某个网络布线,执行拆除某个网络布线菜单命令 Tools→Un－Route→Net,点击某个网络就会拆除该网络。

自动布线手工调整布线完成的交通信号灯 PCB 电路图如图 4-21 所示。

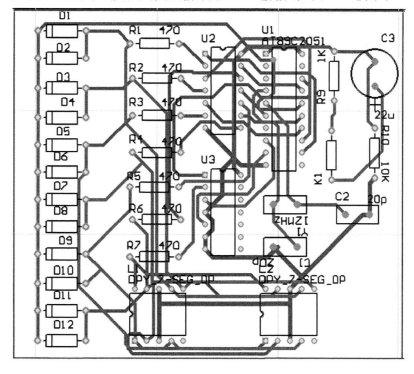

图 4-21　"交通信号灯电路.pcb"布线结果

项目习题

习题 4.1 自己创建元件库文件、绘制下列元件符号

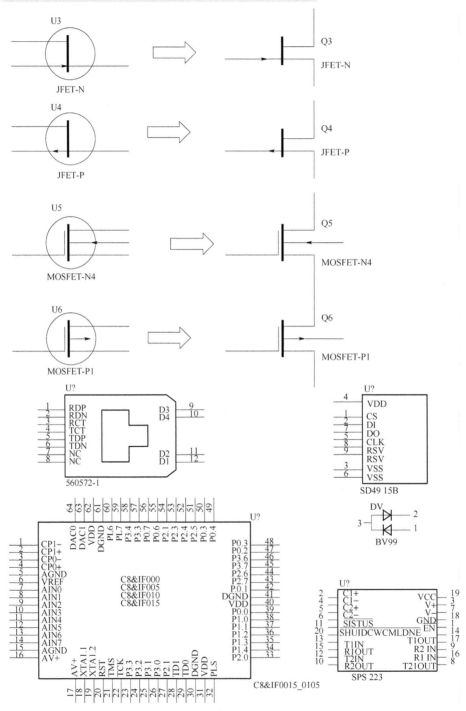

题 4.1 图

任务一、自己创建元件库文件 Myschlib1.lib。

任务二、绘制以下元件符号图形（如题 4.1 图）

（1）在原理图文件中按下列图形进行绘制；

（2）绘制与门、或门、与非门、或非门、非门、施密特触发器的国标符号,尺寸为 4 格 × 3 格。

习题 4.2 自建元件元件封装库、绘制元件封装

题 4.2 图所示是某电子有限公司的"银天使"S 系列 PCB 焊接式电源变压器的外形尺寸图,该电源变压器类型是 S0.6 0.6VA ,大小为 30.5 mm×27.5 mm×20.5 mm,根据实物的尺寸制作元件封装图。

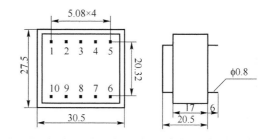

题 4.2 图 电源变压器外形

习题 4.3 四路抢答器电路设计

任务一、将题 4.3-1 图四路抢答器电路原理图绘制成具有总线结构的原理图。对元件进行正确封装（按钮的封装需要自制）,生成网络表。

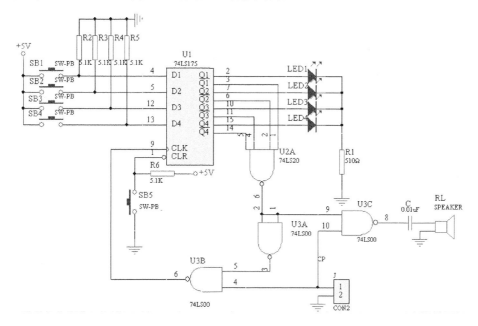

题 4.3-1 图 四路抢答器电路原理图

任务二、自己创建元件封装库、自制按钮的元件封装。

实际原理图中的按钮开关 S1 是两个引脚,而实际按钮元件共有 4 个引脚,如题 4.3-2 图所示。在绘制按钮开关封装之前,一定要先确定实际按钮开关的引脚分布及尺寸。通过测量,按钮开关封装数据如题 4.3 表所示。

题 4.3 表　按钮开关封装数据

所测按钮开关部位	距离大小约为
同侧焊盘间距	200 mil
异侧相对焊盘间距	280 mil
焊盘直径	80 mil
焊盘孔径	40 mil
元件正方形轮廓边长	240 mil

绘制的按钮开关 SW-PB 封装如题图 4.3-3 所示。

题 4.3-2 图　按钮开关实物图与原理图符号

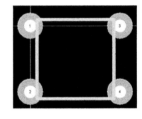

题图 4.3-3　按钮开关封装

任务三、通过自动布线完成四路抢答器电路板设计。

习题 4.4　数字频率计电路设计

任务一、创建元件库 Myschlib1.lib,在库中分别制作一下元件符号。

a) 数码管 DPY_7－SEG_DP,元件描述为 DS?。如题 4.4-1 图、题 4.4-2 图。

b) CD40110,元件描述为 U?。如题 4.4-3 图、题 4.4-4 图。

c) 4017,元件描述为 U?。如题 4.4-5 图、题 4.4-6 图。

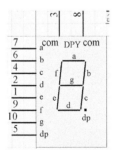

题 4.4-1 图　DPY_7－SEG_DP
元件符号

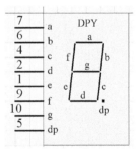

题 4.4-2 图　隐藏公共引脚的
DPY_7－SEG_DP 元件符号

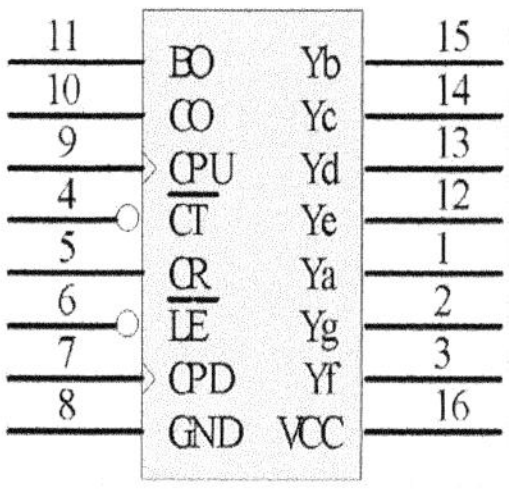

题 4.4-3 图　CD40110
元件符号

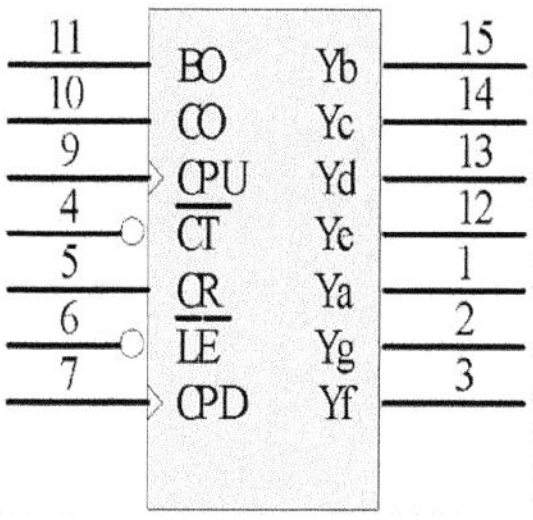

题 4.4-4 图　电源、地引脚隐藏的
CD40110 元件符号

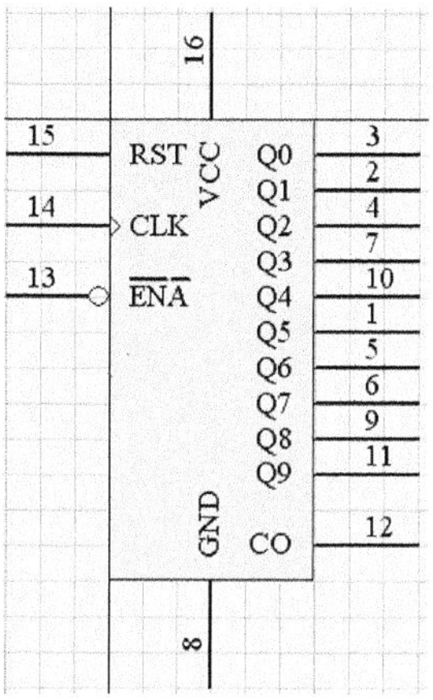

题 4.4-5 图　4017 元件符号 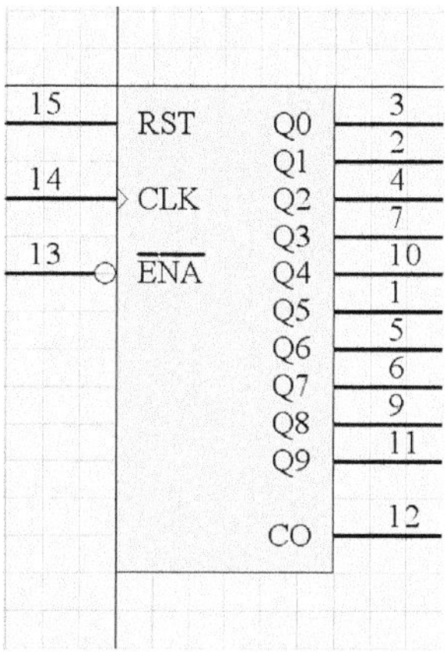　　题 4.4-6 图　隐藏电源引脚 4017 元件符号

任务二、绘制具有总线结构的原理图。

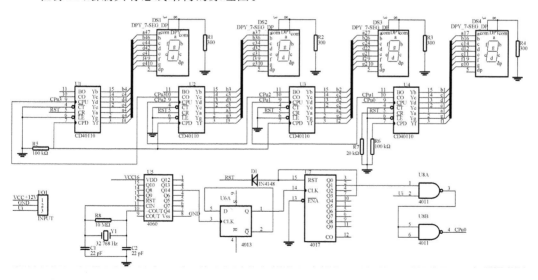

题 4.4-7 图　数字频率计电路

任务三、绘制双面电路板图。要求电源线与地线线宽为 30 mil,电源线设置为顶层布

线,地线设置为底层布线。信号线线宽为 10 mil,信号线设置为顶层垂直布线、底层水平布线。

习题 4.5 ADC0809 电路设计

任务一、绘制题 4.5 图 ADC0809 电路原理图。对元件进行正确封装,生成网络表(ADC0809 在 Protel DOS Schematic Libraries. ddb 库中,元件封装 DIP2874LS08 在 Protel DOS Schematic Libraries. ddb 库,或者 Sim. ddb 库中,元件封装为 DIP14。)

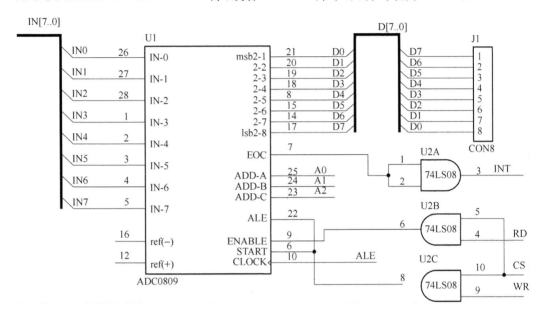

题 4.5 图　ADC0809 电路原理图

任务二、根据题 4.5 图进行元件封装生成的网络表,通过自动布局手工调整,自动布线手工调整成电路板图。

附:总线参考电路原理图及元件属性列表

参考图 1 及参考图 1 表。

参考图 1 表

Lib Ref	Designator	Part Type	Footprint
Cap	C9	0.1 μF	RAD0.2
Crystal	XTAL	4.915 MHz	AXIAL1.0
74LS04	U9	74LS04	DIP14
RES2	R3	470 kΩ	AXIAL0.4
RES2	R4	470 kΩ	AXIAL0.4
4040	U12	4040	DIP16
SW DIP-8	SW1	SW DIP-8	DIP16

元件库:
U9 在 Protel DOS Schematic Libraries. ddb 中的 Protel DOS Schematic TTL. Lib。
U12 在 Protel DOS Schematic Libraries. ddb 中的 Protel DOS Schematic 4000CMOS. Lib。
其余元件在 Miscellaneous Devices. ddb。

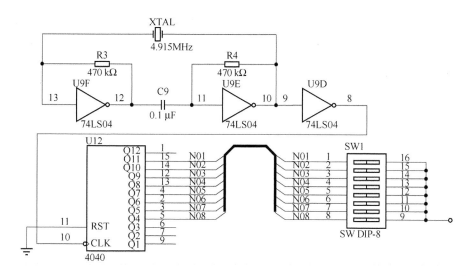

参考图 1

参考图 2 及参考图 2 表。

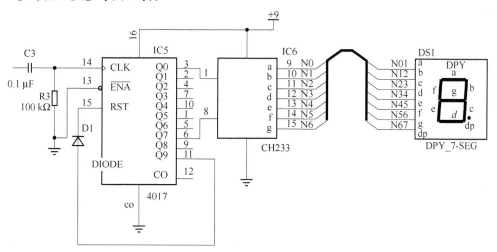

参考图 2

参考图 2 表

LibRef	Designator	PartType	Footprint
CAP	C3	0.01 μF	
RES2	R3	100 kΩ	
4017	IC5	4017	
CH233	IC6	CH233	
DIODE	D1	DIODE	
DPY_7－SEG	DS1	DPY_7－SEG	

元件库：
IC5 根据 Protel DOS Schematic Libraries. ddb（ Protel DOS Schematic 4000CMOS. Lib ）中的 4017 修改；
IC6 根据 Miscellaneous Devices. ddb 中的 HEADER 6X2 修改；
其余元件在 Miscellaneous Devices. ddb。

参考图 3。

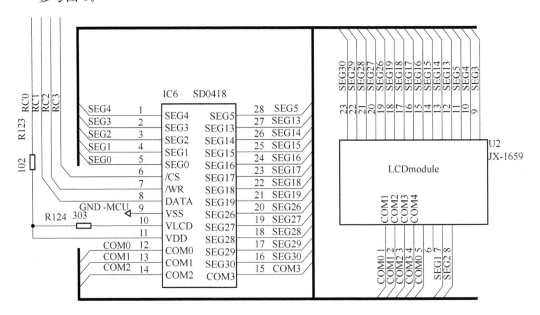

参考图 3

实训项目 5　足球机器人遥控板电路设计

 ## 项目描述

　　该项目有两个任务：任务一是利用 Protel 99SE 软件，自建元件库，创建 MAX232 元件符号和 ATMEGA16 元件符号；使用绘图工具，将整个足球机器人遥控板电路（足球机器人遥控板电路.prj）分成两个子电路"sheet1.sch"和"sheet2.sch"。学习绘制具有层次关系的电路图；了解层次电路设计方法，本项目采用自顶向下的设计方法绘制层次原理图，对元件进行封装，生成网络表。学会导出整个电路。任务二是自建元件封装库，创建电位器、按钮及开关的元件封装；新建 PCB 文件，加载网络表；对元件自动布局，手工调整，尽量单层布线，如果布不开，手工调整个别线在顶层布线，并保存文件。

 ## 项目目的

　　1. 自己创建元件库文件，对于现存元件库中没有的元件，能自建元件符号。导出元件库文件，并在原理图中加载自建的元件库文件。

　　2. 用原理图绘制工具绘制层次电路图。

　　3. 学会层次电路图中各模块的子电路图及其端口的绘制查看子电路图。

　　4. 能根据实物对元件进行正确的封装，生成网络表。

　　5. 能导出层次电路图。

　　6. 会创建元件封装库中没有的元件封装。导出元件封装库，并在绘制 PCB 文件时加载自建元件封装库文件。

　　7. 对于层次电路图采用自动布线完成电路板设计，尽可能采用底层布线，对于布不开的飞线采用顶层布线。

　　8. 掌握对层次结构的电路图采用自动布线绘制双面印制线路板图绘制的具体步骤。

 ## 仪器设备

　　计算机、WINDOWS98/2000/XP 环境、PROTEL 99 SE 软件。

 ## 项目内容

任务 5.1　绘制层次原理图

【要求】

1. 了解层次电路图的组成及其各部分的关系。如图 5.1 所示是足球机器人遥控板电路.prj。

2. 学会层次电路图中各模块的子电路图及其端口的绘制。如图 5.2 和图 5.3 所示是足球机器人遥控板电路.prj 的两个子电路"sheet1.sch"和"sheet2.sch"。

3. 在子电路模块中,进一步掌握自建元件库,创建元件符号的方法。

4. 重点掌握层次式电路原理图的设计方法。

5. 能导出具有层次结构的电路图。

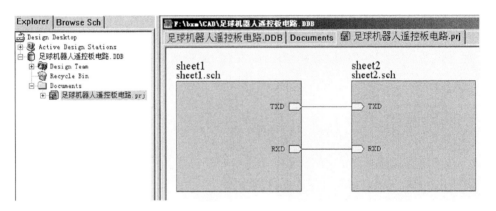

图 5.1　足球机器人遥控板电路.prj

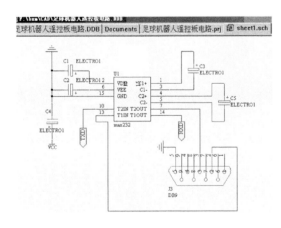

图 5.2　"sheet1.sch"的电路原理图

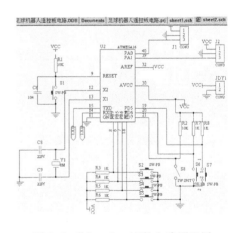

图 5.3　"sheet2.sch"的电路原理图

【实施】

操作步骤：

1. 自建元件库 Myschlib1.lib。绘制 MAX232 元件符号和 ATMEGA16 元件符号。

2. 新建"足球机器人遥控板电路.prj"。

3. 从层次结构电路图主电路图，分别进入其中的子电路图。

4. 绘制子电路图。

5. 能将自建的元件库文件"Myschlib1.lib"、主电路文件"足球机器人遥控板电路.prj"、子原理图文件"sheet1.sch"和"sheet2.sch"及网络表文件导出到指定文件夹下。

考核标准：

1. 按照要求在计算机上自建元件库 Myschlib1.lib，正确自制元件符号。（10 分）

2. 新建"足球机器人遥控板电路.prj"，并正确放置方框图、方框图端口，连线合理。（20 分）

3. 从层次结构电路图主电路图，分别进入其中的子电路图。（20 分）

4. 在原理图环境下，正确加载自制元件库。（10 分）

5. 绘制子电路图。（20 分）

6. 对子电路图进行元件封装，并生成网络表文件。（10 分）

7. 正确导出自建的元件库文件"Myschlib1.lib"、主电路文件"足球机器人遥控板电路.prj"、子原理图文件"sheet1.sch"和"sheet2.sch"及网络表文件到指定文件夹下。（10 分）

实训报告书写：

1. 在报告上写出完成自建元件库，正确自制元件符号。

2. 写出如何自上而下设计层次电路图"足球机器人遥控板电路.prj"的。

3. 写出如何从主电路图进入子电路图的。

4. 写出如何导出层次结构的电路图的。

5. 打印已经绘制完成的电路原理图。

【所需知识】

知识 1　自建原理图库文件、绘制元件符号、定义元件属性

ATMEGA16 元件符号如图 5.4 所示，MAX232 元件符号图如图 5.5 所示。这两个图暂时都没有隐藏 VCC 和 GND 引脚。

绘制元件符号时一般不按照芯片的实际引脚分布排序，而是按引脚特性进行重新分布。通常习惯把输入引脚放在左侧，输出引脚放在右侧，这样在电路图绘制完成后有利于识图。

◆　新建原理图库文件（注意：文件的位置必须在数据库文件下的 Documents 下）。

◆　绘制元件符号（绘制元件库中没有的元件符号）。

1. SCH lib Drawing tools（SCH lib 绘图工具栏）

如果"SCH lib Drawing tools"（SCH lib 绘图工具栏）没有出现在窗口中，则执行菜单

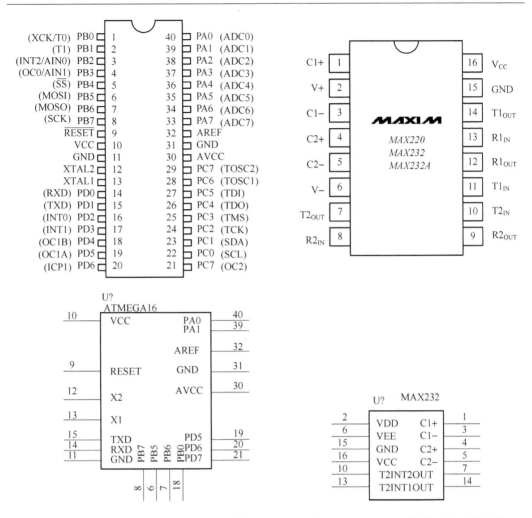

图 5.4　ATMEGA16 引脚图及元件符号

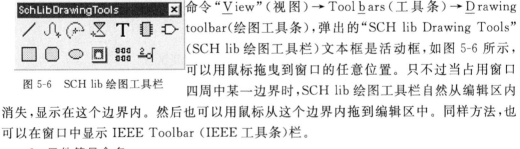

图 5.5　MAX232 引脚符号及元件符号

命令"View"（视图）→ Toolbars（工具条）→ Drawing toolbar(绘图工具条)，弹出的"SCH lib Drawing Tools"（SCH lib 绘图工具栏）文本框是活动框，如图 5-6 所示，可以用鼠标拖曳到窗口的任意位置。只不过当占用窗口四周中某一边界时，SCH lib 绘图工具栏自然从编辑区内

图 5-6　SCH lib 绘图工具栏

消失，显示在这个边界内。然后也可以用鼠标从这个边界内拖到编辑区中。同样方法，也可以在窗口中显示 IEEE Toolbar（IEEE 工具条）栏。

　　2. 元件符号命名

　　打开原理图元件库文件编辑器界面，由于新建元件库时就自动生成了一个新元件，所以绘制第一个元件符号时不再需要新建元件，只需单击菜单栏的"Tools→Rename Component"（重命名），系统弹出"New Component Name"对话框，对话框中的 COMPONENT_1 是新建第一个元件默认名，将其改为"MAX232"，单击"OK"按钮，此时发现右边工作区内又变成空白的了，左边的元件管理器 Browse SchLib 窗口中两个蓝色覆盖的 COMPO-

NENT_1 都同时变为了 MAX232,则当前绘制的就是 MAX232 了。单击 SchlibDrawing-Tools 工具栏中的 ▣ 图标,或者单击"Tools→New Component"新建元件符号,就会出现 New Component Name 输入窗口,在输入窗口中输入 ATMEGA16。这里以绘制 MAX232 为例绘制元件符号。

3. 设置栅格尺寸

执行菜单命令Options(选项)→Document Options(文档选项),在 Library Editor Workspace 对话框中设置锁定栅格 Snap 的值为 5。锁定栅格小一些,便于绘图。单击 "OK"按钮后,按键盘上的"Page Up"键或鼠标选择菜单命令"View"(视图)→Zoom In (放大),或者直接单击主工具栏的快捷工具 🔍,放大屏幕,直到屏幕上出现栅格(本项目中也可以不更改栅格尺寸,用系统默认的 Snap 的值为 10 也不影响)。

4. 绘制元件形状

使用 SCH lib 绘图工具栏的工具进行绘图。执行菜单命令Edit→Jump→Origin,将光标定位到原点处。在 SCH lib 绘图工具栏中单击▢矩形绘图按钮,或执行菜单命令Place→Rectangle,或直接在键盘上按 P、R 字母,就立刻处于画矩形状态。此时鼠标指针旁边会多出一个大"十"字符号,一个矩形方块跟着鼠标移动,将方块移动到第四象限,使方块左上角的大"十"字与坐标中心的原点重合,单击鼠标将左上角固定。然后鼠标就自动移动到方块的右下角,移动鼠标确定方块尺寸大小为 8 格×16 格后,单击鼠标将方块右下角确定,如图 5-7 所示。单击鼠标右键取消画矩形状态。

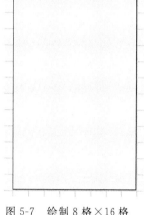

图 5-7　绘制 8 格×16 格
方块图

5. 放置元件引脚

在 SCH lib 绘图工具栏中单击 🖊 放置引脚按钮,或执行菜单命令Place→Pins,或直接在键盘上按 P、P 字母,就切换到放置引脚模式。此时鼠标指针旁边会多出一个大"十"字符号及一条短线,这条短线就是一个引脚,没有连着大"十"字的另一端有一个黑点,表示该端具有电气属性,必须使该端放置在元件外侧,连着大"十"字的一端没有电气含义,必须放置在元件内侧,如图 5-8 所示。将鼠标移动到该放置管脚的地方,单击鼠标将引脚一个接一个地放置,注意用键盘上的空格键调整管脚的方向。放置时按键盘左上方的 "Tab"键,或放置引脚后,双击引脚,或右击引脚,选择"Properties",弹出 Pin 属性设置对话框,调节引脚放置位置,选中某一引脚,按住鼠标左键不放,同时按空格键,每按一次元件旋转 90°;或者在按住鼠标左键不放时,同时按下 X 键或 Y 键。当按下 X 键时,元件左右翻转 180°;当按下 Y 键时,元件上下翻转 180°。

"Hidden"复选框表示的是引脚是否被隐藏。当选中时隐藏该引脚,否则显示。必须注意:集成电路芯片的电源(VCC)引脚、地线(GND)引脚常常处于隐藏状态。图 5.4 所示 ATMEGA16 元件符号中 10 脚 VCC 和 31 脚 GND 应该处于隐藏状态。MAX232 元件符号 16 脚 VCC 和 15 脚 GND 应该处于隐藏状态。否则,自动布线时布不上线。

"Pin"栏是要填入的引脚长度。因为 SCH 编辑器栅格锁定距离一般取 5 mil 或

10 mil，为保证连线对准，引脚长度一般取 5 mil 或 10 mil 的整数倍，所以引脚长度通常取 20 mil 或 30 mil。本项目中所有引脚在"Pin"栏都取 30。

6. 定义元件属性

单击元件管理器中的"Description"按钮，系统将弹出元件文本设置对话框，如前面图 4-12 所示，设置"Default Designator"栏为"U?"（元件默认编号），"Footprint"栏为"DIP40"。

单击主工具栏上的 🖫保存按钮或执行菜单命令 File→Save，保存该元件。

知识 2　绘制层次电路图、查看层次电路图、导出层次电路图

一. 绘制层次电路图

1. 层次电路图的结构

层次电路图由主电路和子电路组成，子电路下面还可以包含下一级电路，如此下去形成树状结构。请查看软件自带层次电路图，了解层次原理图设计的结构。打开 Z80 Microprocessor. Prj（存放路径为 D:\Design Explorer 99 SE\Examples\ Z80 Microprocessor. Ddb），打开主电路图（其扩展名是 .prj），就会看到层次结构的方块图。每个方块图代表子电路图，方块图相互之间把相同的端口用导线或总线连接在一起，就构成了一个主电路。本例中主电路为"足球机器人遥控板电路 .prj"，两个方块图分别代表两个子原理图文件"sheet1. sch"和"sheet2. sch"。

2. 层次电路图的设计方法

层次原理图的设计方法有两种。自顶向下的设计和自底向上的设计。

① 所谓自顶向下的设计，就是先建立一张系统主电路图（方块电路图），用方块图（功能模块电路）代表它下一层的子系统，然后分别绘制各个功能模块对应的子电路图。

② 自底向上的设计

所谓自底向上的设计，就是先建立底层的子电路，然后再由这些子电路原理图产生功能模块电路图，从而产生上层原理图，最后生成系统的原理总图。

3. 绘制主电路图（采用自顶向下的设计）

① 新建主电路图

同新建原理图文件的方法一样，只是将原理图文件扩展名改为". prj"。任务中新建的主文件名为"足球机器人遥控板电路 .prj"。

② 绘制方块图

打开"足球机器人遥控板电路 .prj"主电路文件，单击 Wiring Tools 工具栏中的 按钮或执行菜单命令"Place→Sheet Symbol"，光标变成十字架，且十字光标上带有一个与前次绘制相同的方块图形状，按"Tab"，进行 Sheet Symbol 属性设置。在"Filename"栏填上"sheet1. sch"，该栏表示该方块图所代表的子电路图文件名。在 "Name"栏填上"sheet1"，注意名字应与"Filename"栏中的文件名相对应，该栏表示该方块图所代表的模块名称，如图 5-8 所示（也可以放置方块大小后，对它双击左键或单击右键选择属性，同样可以更改设置属性）。单击"OK"后，光标仍为十字架，在适当位置单击左键，确定方块图的左上角，移动光标直到方块图大小合适时，在其右下角单击左键，则放置好一个方块图。此时系统仍处于放置方块图状态，可以重复以上步骤继续放置，也可以单击右键退出放置状态。

如果要修改方块图的大小,可以对该方块图单击左键,使其处于选中状态,出现灰色的控点时,对控点单击左键,使方块图处于激活状态后,移动光标可对方块大小进行调整。

③ 放置端口(在方块图上)

单击 Wiring Tools 连线工具栏中的▨按钮或执行菜单命令"Place→Add Sheet Entry",光标变成十字架,将十字架光标移到方块图上单击左键(注意一定要在方块图上单击,如果在方块图外单击则没有效果),出现一个浮动的方块电路端口,此端口随光标移动而移动。按"Tab"进行 Sheet Entry 属性设置。在"Name"栏填上"TXT",该栏表示该方块电路端口名称。在"I/O Type"栏选输入端口"Input",该栏这些选项表示端口电气类型。"Side"表示端口的停靠方向,有上下左右方向。这里不用选择,会根据端口的放置位置自动设置。"Style"栏设置端口外形。这里选择向右 Right,如图 5-9 所示。设置完毕后,单击"OK",将端口放置在方块图中的合适位置。放置后系统仍处于放置端口的状态,重复以上步骤在方块中放置名为"RXD"的端口。

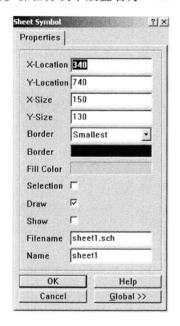
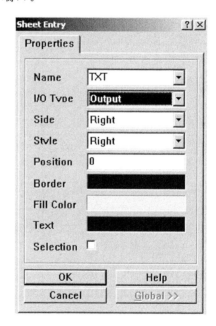

图 5-8　Sheet Symbol 属性对话框　　图 5-9　Sheet Entry 属性对话框

④ 方块图之间连线

方块图之间的连线可以使用导线或总线。如果该端口是多条导线连接,就放置总线。如果只是一条导线连接,就放置导线。在本例图 5.1 中用导线连接。导线绘制方法同原理图中导线绘制方法相同。单击 Wiring Tools 连线工具栏中的 ➤ 按钮或执行菜单命令"Place→Wire",完成连线,连接好的主电路图如图 5.1 所示。

4. 进入子电路图

要从主电路图进入要绘制的子电路图,单击主菜单上的 Design→Creat Sheet From Symbol,如图 5-10 所示。光标变为十字架,在进入的方块图上单击左键,则系统出现如图 5-11 所示端口方向是否与对话框相反,单击按钮"NO",就从主电路图切换到该方块图对应的子电路图文件下,其文件扩展名为 .sch 。

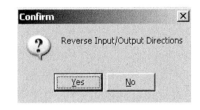

图 5-10　从主电路图进入子电路图　　　图 5-11　端口方向是否与对话框相反

5. 绘制子电路图

进入子电路图后,绘制子电路图的方法同前四个项目任务中绘制原理图的方法一致。先加载所需的元件库,再放置元件、编辑元件、连线。

二. 查看电路图

1. 从主电路查看子电路

要从主电路图查看子电路图,单击主工具栏上的 ⬇⬆ 按钮,或执行菜单命令"Tools→Up/Down Hierarchy",光标变为十字架,在要看的方块图上单击左键,则系统切换到该方块图对应的子电路图,其文件扩展名为 .sch 。

2. 从子电路图查看主电路图

要从子电路图查看主电路图,单击主工具栏上的 ⬇⬆ 按钮,或执行菜单命令"Tools→Up/Down Hierarchy",光标变为十字架,在子电路图(.sch)的小多边形(I/O 端口)上单击左键,则系统切换到主电路图,其文件扩展名为 .prj。

三、导出层次结构的电路图

在每个子电路图文件下,在主工具栏中的 💾(保存)图标上单击鼠标左键;然后切换到主电路图下,重复同样的操作;再切换到原理图库文件下,重复同样的操作;再切换到该数据库文件下的 Documents 文件夹所包含的每个文件,重复同样的操作。最后,回到 Documents 文件夹单击鼠标左键,如图 5-12 所示。选择 Export 导出该文件夹到指定的

(a)

(b)

图 5-12　导出层次结构的电路图

路径下,如图 5-12(a)所示。或者将左边的窗口选择 Explorer,在 Documents 文件夹上,单击鼠标左键,同样选择 Export 导出该文件夹到指定的路径下,如 5-12(b)所示。

知识 3　生成网络表、导出网络表

一、对子电路图中的元件进行封装

1. 打开层次结构的电路图。

2. 进入到子电路图文件下。

3. 对子电路图中的每个元件进行正确封装。

二、生成网络表

1. 回到主电路文件下。

2. 单击主菜单"Design→Creat Netlist",生成网络表。

三、导出网络表

1. 方法 1:回到该数据库文件下的 Documents 文件夹。通过导出文件夹的方法导出网络表(前提是该网络表必须在该文件夹下)。

2. 方法 2:在该网络表文件下,在主工具栏中的 🖫(保存)图标上单击鼠标左键;将左边的窗口选择 Explorer,在该网络表文件夹上单击,选择 Export 导出该网络表文件到指定的路径下。或者回到 Documents 文件夹下的该网络表图标上单击,选择 Export 导出该文件夹到指定的路径下。

任务 5.2　自动布线绘制双面 PCB 图

【要求】

1. 新建 PCB 文件"足球机器人遥控板电路.pcb"。

2. 规划电路板,板的尺寸为 8 000 mil×3 000 mil。

3. 创建元件封装库,制作电位器、按钮、开关的元件封装。导出元件封装库,并在绘制 PCB 文件时使用自建元件封装库文件。

4. 设置所有布线线宽为 75 mil 及布线层为底层。

5. 尽可能采用单层布线,对于底层布不开的飞线,采用手工在顶层进行布线。

6. 掌握自动布线绘制双面印制线路板图的具体步骤。

7. 对地线要放置填充加宽来减小地线电阻。

【实施】

操作步骤:

1. 在数据库"MyDesign1.ddb"文件的 Document 下,创建"足球机器人遥控板电路.pcb"。

2. 创建元件封装库,制作电位器、按钮及开关的元件封装。

3. 设置当前原点:执行菜单命令 Edit/Origin/Set。移动光标至要设为原点的坐标位置,单击鼠标左键将该坐标点设为当前原点。

4. 规划电路板:将当前工作层选为 Keep out layer,按照板长 8 000 mil,板宽 3 000 mil,利用 Placement Tools 工具栏中的 ≈ 画线工具定义一个矩形轮廓,即绘制了电路板的电气边界。如果不合适,布局好后还可以根据实际情况进行调整。同样的方法在 Mechanical1 层绘制电路板的物理边界。

5. 恢复绝对原点。执行菜单命令 Edit/Origin/Reset 恢复绝对原点。

6. 加载所需的元件封装库(包括自建的元件封装库)。

7. 根据任务要求设置整板的布线线宽为 78 mil,设置自动布线层为底层。

8. 加载网络表,元件布局自动布局手工调整;自动布线手工调整。对于布不开的线,手工布线。

9. 跳到地线网络上,在地线上放置填充。

考核标准:

1. 创建元件封装库,制作元件封装。(30 分)

2. 按照要求新建 PCB 文件,新建的位置合适,命名合乎要求。(5 分)

3. 设置相对原点,规划电路板电气边界所在的层选择正确,板的尺寸大小合乎要求。恢复绝对原点。(5 分)

4. 正确添加所需的元件封装库,加载网络表,元件布局合理。(20 分)

5. 设置整个布线层为底层,顶层暂时不使用。对线宽进行设置:整个板的布线线宽设置为 75 mil。(10 分)

6. 对电路进行自动布线,手工调整布不开的飞线。(10 分)

7. 在地线网络上放置填充。(20 分)

实训报告书写:

1. 在报告上简要写出完成任务二所需的步骤。

2. 写出如何创建元件封装库,在绘中如何绘制电位器、按钮及开关的元件封装的。

3. 写出对布线后产生的飞线如何进行手工调整的。

4. 写出如何跳到地线网络的。

5. 如何在地线上放置填充?

6. 打印已经绘制完成的电路板图。

【所需知识】

知识 1　创建 PCB 元件封装库文件、制作元件封装、导出元件封装库

一、创建 PCB 元件封装库文件

同新建原理图库文件一样,在图 5-13 中,双击 PCB Library Document 图标,或者单击该图标后再单击"OK"按钮,就会出现默认的 PCB 元件封装库文件名 PCBLIB1. LIB,如图 5-13 所示。或者打开原来的元件封装库文件名 PCBLIB1. LIB。

二、制作元件封装

1. 制作电位器的元件封装

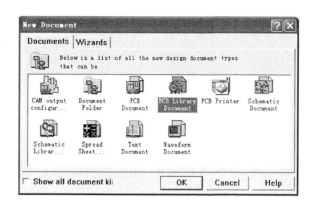

图 5-13 新建 PCB 库文件

可以通过手工制作新的元件封装、修改库中已有的元件封装图形符号制作元件封装。本例中只采用手工制作元件封装的方法。按照样图 5-14 所示,创建电位器的元件封装。电位器 1、2 焊点间的距离为 1 772 mil;3、3 焊点间的距离为 1 520 mil;1、3(或 2、3)焊点间距为 160 mil。

第一步:设置参考点,执行菜单命令"Edit→Set Reference"选择"Location",单击某个位置,左下角的 X、Y 坐标状态分别为 0 mil、0 mil。根据电位器的轮廓大小 2 006 mil×480 mil 调整边框线。

第二步:选择顶层文字说明层:Top Overlayer。

将文件工作区底部的工作层选为 Top Overlayer。

第三步:执行画线命令。

单击菜单命令"Place → Track";或者连续点击键盘上的 P－T;或者单击 PCBLibPlacementTools 工具栏中的 ～ 图标(如果该工具栏未出现,就单击菜单 View→Toolbars→Placement Tools)如图 5-15 所示。

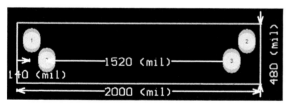

图 5-14 电位器样图　　　　图 5-15 PCBLibPlacementTools 工具栏

将画线的起点选择为参考点,在第四象限画线,画线的长短可以随时察看左下角的 X、Y 坐标状态,直到满足电位器长 2 006 mil,宽 480 mil 为止。

第四步:放置焊点。

单击菜单命令"Place→Pad";或者连续点击键盘上的 P－P;或者单击如图 5-15 所示的 PCBLibPlacementTools 工具栏中的 ◉ 图标,执行放置焊盘命令。按照样图尺寸要求设置焊盘属性,如图 5-16 所示。

创建好的电位器的封装如图 5-17 所示,单击保存按钮。

171

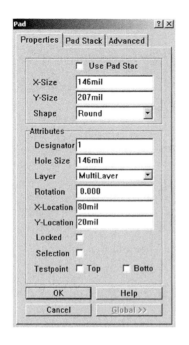

图 5-16　设置焊盘属性对话框　　　图 5-17　创建好的电位器的元件封装图

第五步：将电位器元件封装命名为"DWQ"。

方法 1：在绘制完成的元件封装名上右击，如图 5-18 所示，选择 Rename（重命名）。就会弹出重命名对话框，在对话框中输入 DWQ，如图 5-19 所示。

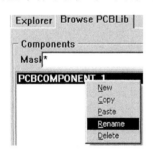

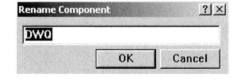

图 5-18　元件封装重命名方法　　　图 5-19　元件封装重命名对话框

方法 2：单击菜单命令"Tools→Rename Component"，同样会弹出如图 5-19 所示的元件封装重命名对话框。

2. 制作按钮的元件封装

按钮元件封装样图如图 5-20 所示。焊盘间的间距如图 5-20 所示，长为 410 mil，宽为 320 mil。按上述制作电位器元件封装同样的方法制作按钮的元件封装。

3. 制作开关的元件封装

开关元件封装样图如图 5-21 所示。焊盘间的间距如图 5-21 所示，长为 342 mil，宽为 342 mil。按上述制作电位器元件封装同样的方法制作开关的元件封装。

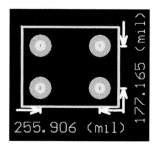

图 5-20   按钮元件封装样图

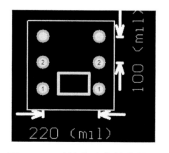

图 5-21   开关的元件封装样图

三、导出元件封装库

导出元件封装库的方法同导出其他文件的方法一样。

知识 2   设置单层布线层

新建 PCB 文件后，执行菜单命令 Design→Rule，在弹出的对话框中选择 Routing 标签页，在 Rule Classes(规则分类)中选择 Routing Layers，再单击"Properties"按钮，任务二要求尽可能单层布线，所以先设置成单层，则将顶层设置为"Not Used"，底层设置为"Any"。

知识 3   加载创建的元件封装库

新建 PCB 文件后，加载自己创建的元件封装库。方法同加载 PCB 库的方法一致。提醒注意：一要在 PCB 界面上加载 PCB 库；二要注意要加载的元件封装库 PCBLIB1.LIB 所保存的位置；三要注意将文件类型选择为"＊.lib"，否则，即使选择了正确的文件夹，也找不到 PCBLIB1.LIB。

知识 4   手工绘制没布上的飞线

第一步：选择当前层为顶层。

第二步：在 Placement Tools 栏上单击 图标；或者单击菜单"Place→Interactive Routing"，启动交互式布线命令，进行手工调整布线。注意不能用普通的导线在自动布线后的任何两点间绘制导线，因为普通的导线不具有网络号；而用交互式布线点击在哪个网络上，这根线就与哪个网络同名。

第三步：按照飞线的连接提示，手工完成对飞线的手工布线。

知识 5   跳到地线网络上

由于布线完成后，元件多、网络多，要想在地线上放置填充，就必须找到底线网络在哪里。往往通过单击菜单"Edit→Jump→Net"，如图 5-22 所示，就会出现图 5-23 的"输入想要跳转到的网络名对话框"。

图 5-22   跳转到网络上的方法

图 5-23   输入想要跳转到的网络名对话框

知识 6 放置填充

1. 放置矩形填充的方法

单击元件放置工具栏中的 Place Fill 按钮□,或执行菜单命令"Place→Fill"。进入放置填充状态后,鼠标变成十字光标状,将鼠标移动到合适的位置拖动出一个矩形范围,完成矩形填充的放置。

2. 矩形填充的属性设置

填充的属性设置有以下两种方法:

1) 在用鼠标放置填充的时候按 Tab 键,将弹出 Fill(矩形填充属性)设置对话框。

2) 对已经在 PCB 板上放置好的矩形填充,直接双击也可以弹出矩形填充属性设置对话框,如图 5-24 所示。这里将网络号通过 Net 后的下拉式菜单选择 GND(地线)网络,Layer 后的下拉式菜单选择填充在 BottomLayer(底层)。

图 5-24 GND 网络矩形
填充属性设置

Layer:用于选择填充放置的布线层。

Net:用于设置填充的网络。

Rotation:设置矩形填充的旋转角度。

Corner1-X、Corner1-Y:设置矩形填充的左下角的坐标。

Corner2-X、Corner2-Y:设置矩形填充的右上角的坐标。

Locked 复选项:用于设定放置后是否将填充固定不动。

Keepout 复选项:用于设置是否将填充进行屏蔽。

矩形填充的选取、移动、缩放和旋转:

选取:直接用鼠标左键单击。

缩放:鼠标左键单击某个控制点。

旋转:在要旋转的填充上,用鼠标左键按住该填充不放手;再在英文输入状态下按空格,该填充就会逆时针旋转 90°。

在底层完成布线;个别布不开的线通过手工在顶层布线;同时,对地线网络进行矩形填充。"足球机器人遥控板电路.pcb"布线结果如图 5-25 所示。"足球机器人遥控板电路.pcb"3D 显示图如图 5-26 所示。

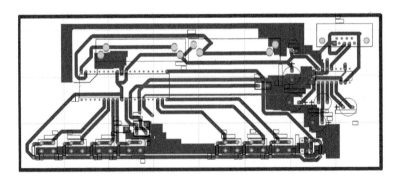

图 5-25 "足球机器人遥控板电路.pcb"布线结果

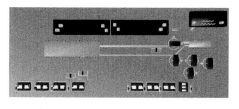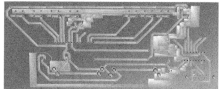

图 5-26 "足球机器人遥控板电路.pcb"3D 显示两面图

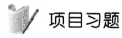项目习题

习题 5.1 超声波测距仪层次电路图

任务一、绘制题 5.1 图超声波测距仪层次结构的主电路图。

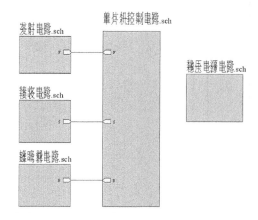

题 5.1 图 超声波测距仪层次结构的主电路图

任务二、从超声波测距仪层次结构的主电路图方块图中进入每个子电路图,绘制完成每个子电路图。

1. "发射电路.sch"(如题 5.1-1 图所示)

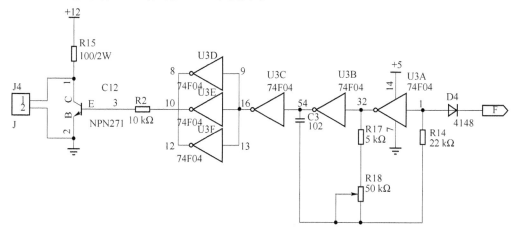

题 5.1-1 图 "发射电路.sch"

2. "接收电路 . sch"(如题 5.1-2 图所示)

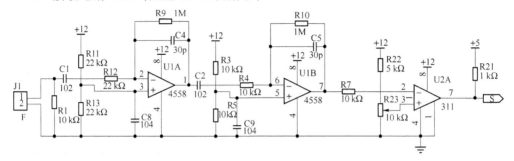

题 5.1-2 图 "接收电路 . sch"

3. "蜂鸣器电路 . sch"(如题 5.1-3 图所示)

4. "单片机控制电路 . sch"(如题 5.1-4 图所示)

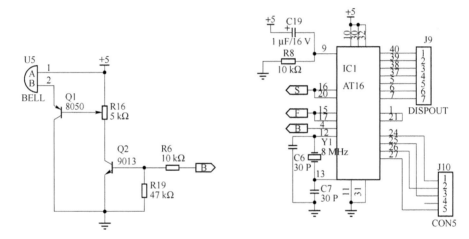

题 5.1-3 图 "蜂鸣器电路 . sch"   题 5.1-4 图 "单片机控制电路 . sch"

5. "稳压电源电路 . sch"(如题 5.1-5 图所示)

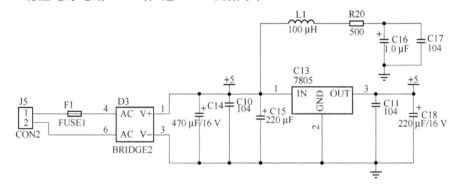

题 5.1-5 图 "稳压电源电路 . sch"

6. "数码管显示电路.sch"(如题 5.1-6 图所示)

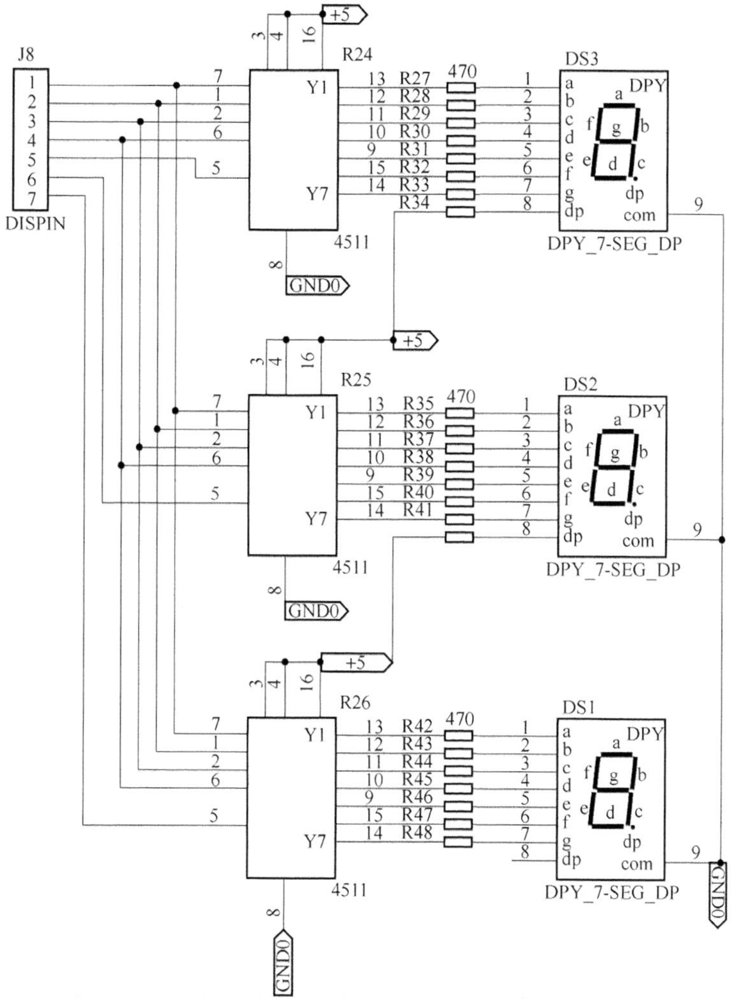

题 5.1-6 图 "数码管显示电路.sch"

任务三、从层次结构的主电路图查看各个子电路图;从各个子电路图查看主电路图。

任务四、通过自动布线完成双面电路板设计。

习题 5.2 直流电机 PWM 调速电路图

任务一、把题 5.2 图所示基于单片机的直流电机 PWM 调速电路绘制成层次电路图

任务二、从主电路图查看每个子电路图;或从子电路图查看主电路图。

任务三、通过自动布线完成双面电路板图设计任务。

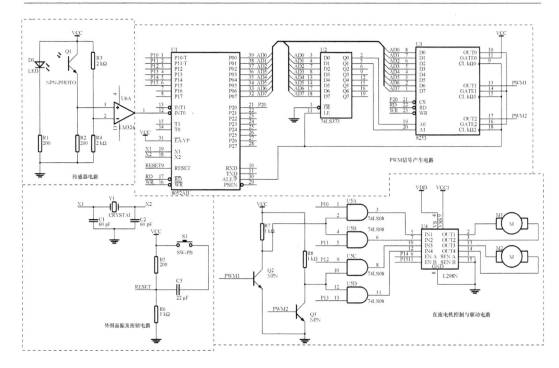

题 5.2 图　基于单片机的直流电机 PWM 调速电路图

习题 5.3　信号发生器电路图

任务一、把题 5.3-1 图所示信号发生器电路绘制成层次电路图。

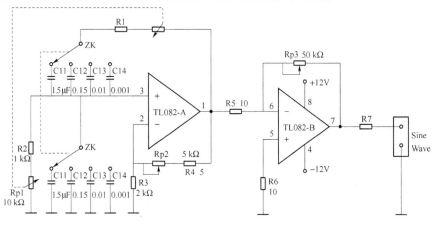

题 5.3-1 图　信号发生器电路图

任务二、从主电路图查看每个子电路图；或从子电路图查看主电路图。

任务三、创建元件库，绘制 ZK、RP 的元件符号；创建元件封装库，绘制 ZK、RP1、RP3 的元件封装。（RP2 的元件封装用 VR5）在绘制完成的子电路图中对元件进行封装。

任务四、将层次结构的电路图生成网络表。通过自动布线完成单面电路板图设计任务（注意：实际电路板设计时，在＋12 V、－12 V 电源上加 C3、C4、C5、C6 四个电容，以滤除高频与低频干扰）。参考元件布局如题 5.3-2 图信号发生器电路元件布局图。

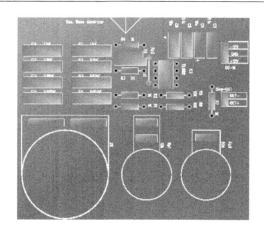

题 5.3-2 图　信号发生器电路元件布局图

习题 5.4　激光显示器电路设计

任务一、把题 5.4 图所示激光显示器电路绘制成层次电路图。

任务二、对层次结构的原理图进行元件封装,生成网络表。

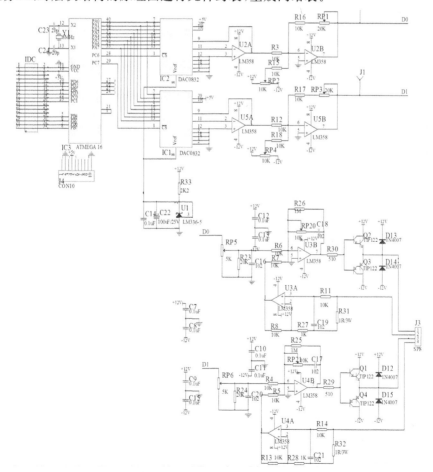

题 5.4 图　激光显示器原理图电路

任务三、设置布线层为双层布线,顶层水平布线、底层垂直布线;设置电源在顶层布线,地在底层布线。通过自动布线完成激光显示器电路板设计。

习题 5.5　Z80 微处理器电路设计

任务一、按照题 5.5 图绘制 Z80 微处理器层次结构的主电路图。

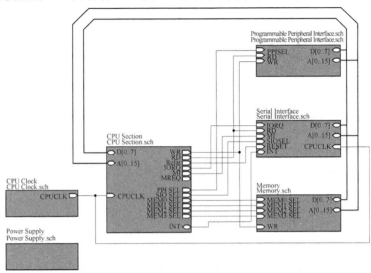

题 5.5 图　Z80 微处理器层次结构的主电路图

任务二、分别绘制题 5.5-1 图、5.5-2 图、5.5-3 图、5.5-4 图、5.5-5 图。

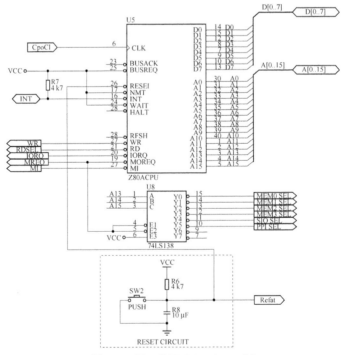

题 5.5-1 图　"CPU Section.sch"

任务三、能从主电路图察看每个子电路图,也能从每个子电路图回到主电路图。

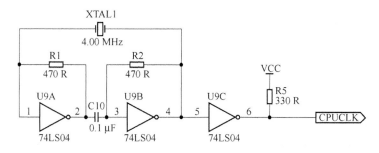

题 5.5-2 图　"CPU Clock. sch"

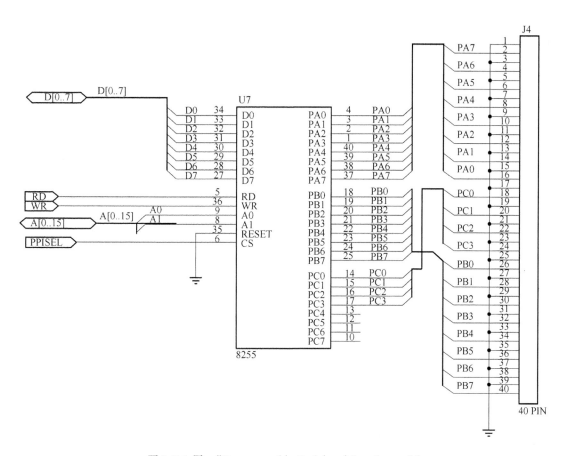

题 5.5-3 图　"Programmable Peripheral Interface. sch"

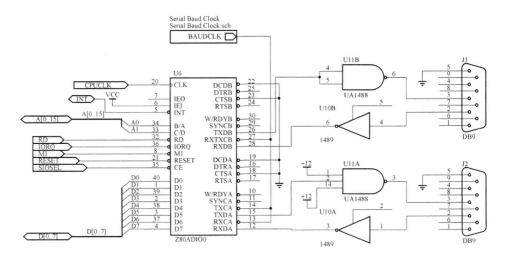

题 5.5-4 图　"Serial Interface. sch"

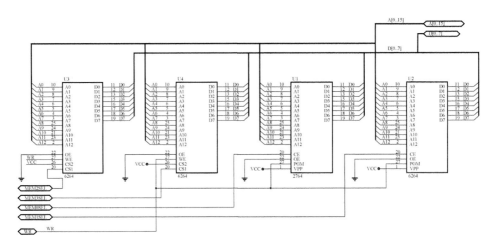

题 5.5-5 图　"Memory. sch"

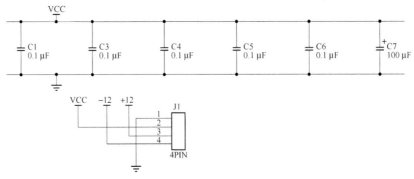

题 5.5-6 图　"Power Supply. sch"

实训项目 6　水表电路设计

 项目描述

　　该项目有两个任务：任务一是利用 Protel 99SE 软件，自建元件库，创建 MSP430F21X2 元件符号；使用绘图工具，绘制"水表.sch"。进一步学习绘制具有网络标号的电路原理图。任务二是创建元件封装库，在库里绘制 MSP430F21X2 元件符号的宽体 TSSOP 贴片的元件封装 PW28；新建 PCB 文件，加载网络表；对元件自动布局，手工调整，尽量单层布线，如果布不开，个别线可以在双层布线，电源线路布线宽度设置为 20 mil，信号线布线宽度设置为 10 mil。最后绘制双面覆地，进行多边形填充完成地线；之后，对双面覆地进行多过孔冗余连接，降低两层覆地间的电容量和电感量，增强电路 EMI（Electro Magnetic Interference）性能。

 项目目的

　　1. 自己创建元件库文件，对于现存元件库中没有的元件，能自建元件符号。会在"水表.sch"中使用自建的元件符号。

　　2. 在原理图中，理解网络标号可以代替导线进行电路连接的作用，使电路原理图清晰、整洁。

　　3. 能根据实物对原理图元件添加正确的封装，并生成网络表。

　　4. 会创建元件封装库中没有的 SMD（表面贴元件）元件封装，绘制 MSP430F21X2 元件符号的宽体 TSSOP 贴片的元件封装 PW28。

　　5. 学习 SMD 元件自动和手动布局，自动布线与手工调整。

　　6. 学习两层覆间添加过孔，保证地线连接的完整性，并增强电路 EMI（Electro Magnetic Interference）性能。

 仪器设备

　　计算机、WINDOWS98/2000/XP 环境、PROTEL 99 SE 软件。

 项目内容

任务 6.1 绘制带网络标号的电路原理图

【要求】

1.掌握自建元件库,能自制元件符号 MSP430F21X2。会在"水表.sch"中使用自建的元件符号。如图 6-1 所示。

2.在原理图中,为了使电路原理图清晰、整洁,能正确的使用网络标号代替导线进行电路连接。

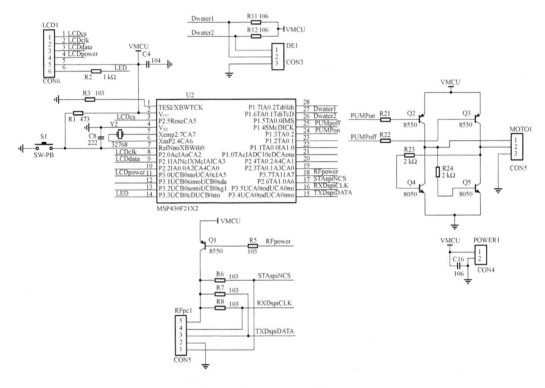

图 6-1 "水表.sch"的电路原理图

【实施】

操作步骤:

1.自建元件库 Myschlib1.lib。绘制 MSP430F21X2 元件符号。引脚功能定义如图 6-2 所示。

2.新建电路原理图文件"水表.sch"。

3.绘制带有网络标号的电路原理图。

4.对"水表.sch"原理图中的每个元件进行正确封装(注意:MSP430F21X2 元件封装

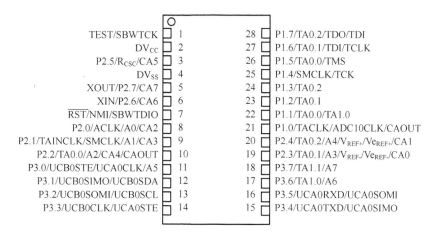

图 6-2　MSP430F21X2 引脚定义

使用 PW28,需自制),生成网络表。

考核标准:

1.按照要求在计算机上自建元件库文件 Myschlib1. lib,正确自制元件符号。(20 分)

2.新建"水表. sch",并正确放置元件,连线合理。(30 分)

3.网络标号正确、放置位置合理。(30 分)

4.元件封装正确,生成正确的网络表。(20 分)

实训报告书写:

1.在报告上写出完成自建元件库文件,正确自制元件符号。

2.写出如何放置自制的元件符号?

3.写出在绘制的电路原理图中如何放置网络标号的。位置有没有要求?

4.打印已经绘制完成的电路原理图。

任务 6.2　自动布线绘制有 SMD 元件的双面 PCB 图

【要求】

1.新建 PCB 文件"水表. pcb"。

2.规划电路板,板的尺寸为 2 200 mil×1 800 mil。

3.创建元件封装库,制作的 SMD 元件 MSP430F21X2 的封装名为 PW28。导出元件封装库,并在绘制 PCB 文件时使用自建元件封装库文件。

4.设置信号线布线宽度为 10 mil 及电源线布线宽度为 20 mil。

5.尽可能采用单层顶层布线,对于顶层布不开的飞线,采用手工在底层进行布线。

6.掌握自动布线绘制双面印制线路板图的具体步骤。

7.对地线要放置多边形填充,以减小地线电阻,提高 PCB 板子 EMI 能力。

【实施】

操作步骤：

1. 在数据库"MyDesign1. ddb"文件的 Document 下，创建"水表. pcb"。

2. 创建元件封装库，制作 MSP430F21X2 元件 SMD 封装 PW28。

3. 设置当前原点：执行菜单命令 Edit/Origin/Set。移动光标至要设为原点的坐标位置单击，将该坐标点设为当前原点。

4. 规划电路板：将当前工作层选为 Keep out layer，按照板长 2 200 mil，板宽 1 800 mil，利用 Placement Tools 工具栏中的 ～ 画线工具定义一个矩形轮廓，即绘制了电路板的电气边界。如果不合适，布局好后还可以根据实际情况进行调整。同样的方法在 Mechanical1 层绘制电路板的物理边界。

5. 恢复绝对原点。执行菜单命令 Edit/Origin/Reset 恢复绝对原点。

6. 加载所需的元件封装库（包括自建的元件封装库）。

7. 根据任务要求设置整板的布线线宽为 10 mil、设置自动布线层为顶层和底层。

8. 加载网络表，元件布局自动布局手工调整；自动布线手工调整。对于布不开的线，手工布线。

9. 放置多边形填充，填充选择连接到 GND 网络上。

考核标准：

1. 创建元件封装库，制作元件封装。（10 分）

2. 按照要求新建 PCB 文件，新建的位置合适，命名合乎要求。（5 分）

3. 设置相对原点，规划电路板电气边界所在的层选择正确，板的尺寸大小合乎要求。恢复绝对原点。（5 分）

4. 正确添加所需的元件封装库，加载网络表，元件布局合理。（30 分）

5. 设置整个布线层为顶层和底层。对线宽进行设置：整个板的信号线线宽设置为 10 mil，电源线线宽设置为 20 mil。（10 分）

6. 对电路进行自动布线，手工调整布不开的飞线，并规划布线的美观程度。（30 分）

7. 放置多边形填充，填充选择连接到 GND 网络上。（10 分）

实训报告书写：

1. 在报告上简要写出完成正确添加所需的元件封装库、加载网络表、元件布局合理所需的步骤。

2. 写出对布线后产生的飞线如何进行手工调整的。

3. 如何放置多边形填充，填充选择连接到 GND 网络上的？

4. 打印已经绘制完成的电路板图。

【所需知识】

知识 1　常用 SMD 元件封装形式与规格

电阻电容常用的 SMD 封装为 0603、0805 等，三极管为 SOT-23 、SOT-89 等，常用稳压二极管为 SOD59、SOD100、SOD113,IC 的 SO TQFP 封装。

SOT(Small outline Transistor)小外形晶体管、SOD(Small outline Diode)小外形晶体管,SOP(Small Outline Package)小外形包装。TQFP(Thin Quad Flat Package)纤薄四方扁平封装。

0402:表示该元件长 0.04 英寸,宽 0.02 英寸。

0603:表示该元件长 0.06 英寸,宽 0.03 英寸。

0805:表示该元件长 0.08 英寸,宽 0.05 英寸。

1005:表示该元件长 0.1 英寸,宽 0.05 英寸。

1206:表示该元件长 0.12 英寸,宽 0.06 英寸。

1210:表示该元件长 0.12 英寸,宽 0.1 英寸。

知识 2　制作 SMD 元件封装

按照图 6-3 所示,14 引脚的双列 SMD 元件封装图例。自己绘制一个名字为 PW28 的 28 脚 SMD 元件封装,图中标注尺寸单位为毫米,分数形式尺寸数据为该尺寸的最大值与最小值,焊盘采用矩形焊盘,焊盘放置在顶层。

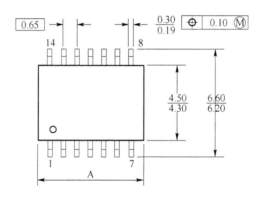

图 6-3　SMD 表面贴元件 PW14 尺寸图例

知识 3　放置多边形填充

1. 放置多边形填充的方法

单击元件放置工具栏中按钮⊿,或执行菜单命令"Place→Polygon Plane"。进入放置填充状态后,鼠标变成十字光标状,将鼠标移动到合适的位置拖动出一个矩形范围,分别选择层为 Top layer 和 Bottom layer,连接到 GND 网络上,完成多边形填充的放置。

2. 多边形填充的属性设置

填充的属性设置有以下两种方法:

方法一、在用鼠标放置填充的时候按 Tab 键,将弹出 Polygon Plane(多边形填充属性)设置对话框。

方法二、对已经在 PCB 板上放置好的多边形填充,直接双击也可以弹出矩形填充属性设置对话框,如图 6-4 所示。这里将网络号通过 Net 后的下拉式菜单选择 GND(地线)网络,Layer 后的下拉式菜单选择填充在 Bottom Layer(底层)。

Layer:用于选择填充放置的布线层。

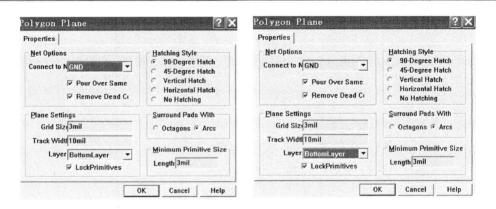

图 6-4　GND 网络多边形填充属性设置

Connected to Net：用于设置填充的网络连接到网络名称。

参考元件布局如图 6-5 所示。

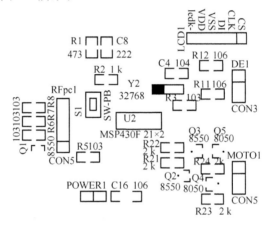

图 6-5　参考元件布局

规划完电路板的元件布局图如图 6-6 所示。

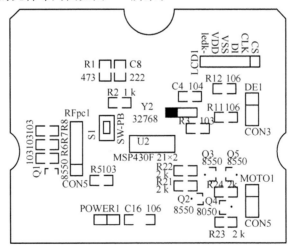

图 6-6　规划完电路板的元件布局图

知识 4　双层多边形地线填充多点过孔连接

双层板多边形填充地线,在两板间会形成电容效应,这个时候就需要添加地线过孔来消除板间电容,增强电路板 EMI 性能,按照每平方厘米放置一个来处理。在主要布线层会有连接不到地线的节点存在,需要在没有连接处的多边形上添加过孔,与另外一层的地线覆铜连接。放置过孔,单击工具栏中的 🖍,或者执行菜单命令"Place→Via",其 Net 属性设置为 GND。如图 6-7 所示。

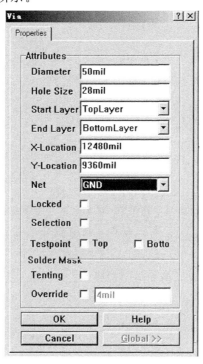

图 6-7　过孔属性中 Net 选择 GND

自动布线、手工调整、放置多边形填充、放置过孔(其 Net 属性设置为 GND)、放置螺丝孔后的 PCB 图,顶层如图 6-8 所示,底层如图 6-9 所示。

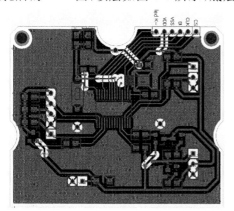

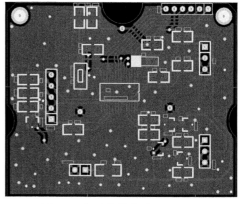

图 6-8　顶层布线完成的 PCB 图　　　　图 6-9　底层布线完成的 PCB 图

项目习题

习题 6.1 RS485 通信电路设计

任务一、自制元件符号 MAX1487ESA。绘制如题 6.1 图 RS485 通信电路原理图。

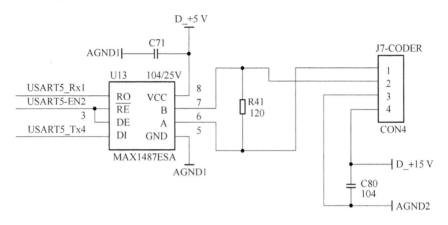

题 6.1 图 RS485 通信电路原理图

任务二、自制 SMD 元件封装符号 PW8,引脚尺寸参看项目 6 中的任务 6.2 中的知识 1。

任务三、通过自动布线完成单面电路板设计。

习题 6.2 RS232 光电隔离通信电路设计

任务一、自制元件符号 MAX232A,其尺寸参看项目 5 中的任务 5.1 所需知识 2。

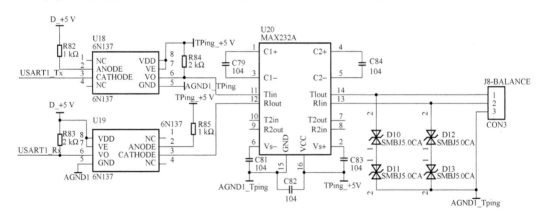

题 6.2 图 RS232 光电隔离通信电路原理图

任务二、绘制题 6.2 图所示的电路原理图。对原理图中的元件均使用 SMD 元件封装。尺寸参看项目 5 中的任务 5.2 所需知识 1 SMD 元件尺寸规格。

任务三、通过自动布线完成双面电路板图设计任务。

习题 6.3 汽车遥控钥匙发射电路设计

任务一、绘制如题 6.3 图所示电路原理图。

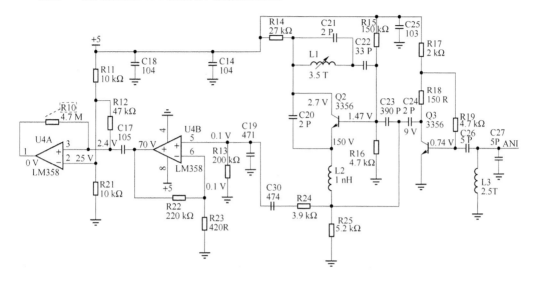

题 6.3 图 汽车遥控钥匙发射电路图

任务二、列写题 6.3 图中元件的表面贴元件封装形式。对元件进行元件封装,生成网络表。

任务三、在 PCB 中加载生成的网络表。通过自动布线完成单面电路板图设计任务。加多边形地填充,以减少干扰。

习题 6.4 带 MP3 播放器的防盗报警器电路设计

任务一、按题 6.4 图绘制带 MP3 播放器的防盗报警器电路原理图。

任务二、对原理图进行元件封装,生成网络表。

任务三、设置布线层为双层布线,顶层水平布线、底层垂直布线;设置电源在顶层布线,地在底层布线。通过自动布线完成电路板设计。

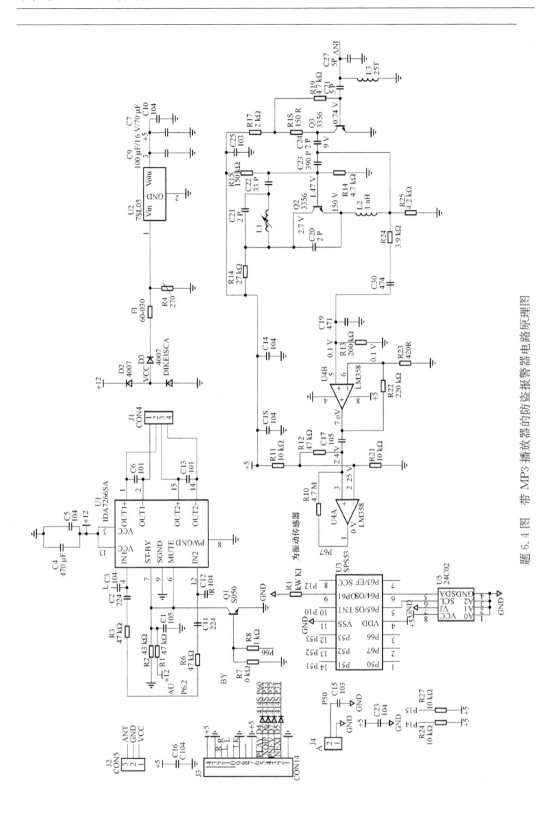

题 6.4 图 带 MP3 播放器的防盗报警器电路原理图

参 考 文 献

[1] 朱小祥,游家发. Protel 99 DXP2004SP2 印刷电路板设计. 北京:机械工业出版社,2011.

[2] 陈传虎,刘海宽. 电子 CAD 实训教程. 南京:东南大学出版社 2009.

[3] 国家职业技能鉴定专家委员会,计算机专业委员会. Protel 99SE 试题汇编. 北京:兵工业出版社,希望电子出版社,2004.

[4] 毕秀梅,周南权. 电子线路板设计项目化教程. 北京:化学工业出版社 2010.

[5] 及力. 电子 CAD. 北京:北京邮电大学出版社,2008.

[6] 及力. 电子 CAD 综合实训. 北京:人民邮电出版社,2010.

[7] 缪晓中. 电子 CAD- Protel 99 SE. 北京:化学工业出版社,2009.

[8] 陈桂兰. 电子线路板设计与制作 北京:人民邮电出版社, 2010.

[9] 潘永雄,沙河. 电子线路 CAD 实用教程. 西安:西安电子科技大学出版社 2007.

[10] 陈晓平. Protel 99 SE-电子线路 CAD 应用教程. 南京:东南大学出版社 2005.

[11] 钱金发. 电子设计自动化技术. 北京:机械工业出版社,2005.

[12] 王栓柱. Protel 99 SE 印刷电路板设计技术. 西安:西北工业大学出版社,2001.

[13] 高鹏,安涛,等. 电子设计与制板 Protel 99 入门与提高. 北京:人民邮电出版社,2000.

[14] 曾峰,巩海洪,曾波. 印刷电路板(PCB)设计与制作. 北京:电子工业出版社,2005.